Be Brave

勇敢一点

克服害羞的儿童指南

［英］波皮·奥尼尔 / 著
（Poppy O'Neill）

吴奇 / 译

中国科学技术出版社
·北京·

图书在版编目（CIP）数据

勇敢一点：克服害羞的儿童指南 /（英）波皮·奥尼尔（Poppy O'Neill）著；吴奇译 . -- 北京：中国科学技术出版社，2024.1

（勇敢的你）

书名原文：BE BRAVE

ISBN 978-7-5236-0338-3

Ⅰ. ①勇… Ⅱ. ①波… ②吴… Ⅲ. ①儿童—心理健康—健康教育 Ⅳ. ① B844.1

中国国家版本馆 CIP 数据核字（2023）第 220594 号

Copyright © Summersdale Publishers Ltd, 2021, 2022
All rights reserved.
No part of this book may be reproduced by any means, nor transmitted, nor translated into a machine language, without the written permission of the publishers.
Published by arrangement with Summersdale Publishers Ltd.
via Gending Rights Agency, Beijing, China.
（本书简体中文版由北京根定文化传播有限公司安排引进）

著作权合同登记号：01-2023-2951

策划编辑	白　珺
责任编辑	白　珺
封面设计	红杉林文化
正文设计	中文天地
责任校对	张晓莉
责任印制	徐　飞

出　版	中国科学技术出版社
发　行	中国科学技术出版社有限公司发行部
地　址	北京市海淀区中关村南大街16号
邮　编	100081
发行电话	010-62173865
传　真	010-62173081
网　址	http://www.cspbooks.com.cn

开　本	880 mm×1230 mm　1/32
字　数	245千字
印　张	13.25
版　次	2024 年 1 月第 1 版
印　次	2024 年 1 月第 1 次印刷
印　刷	北京荣泰印刷有限公司
书　号	ISBN 978-7-5236-0338-3 / B・154
定　价	96.00元（全3册）

（凡购买本社图书，如有缺页、倒页、脱页者，本社发行部负责调换）

前 言

我有十多年抚养孩子的经验，并且一直在私营和公共部门从事儿童和青少年的心理治疗工作。我非常清楚，害羞和焦虑是一种普遍现象，但是通常情况下，孩子和他们的父母都不知道该如何处理这些问题。用充满温情、善解人意、引人入胜的方法，既让孩子觉得自己受到了尊重和重视，又能培养孩子的自信心，这一点至关重要。

波皮·奥尼尔的《勇敢一点》，显然做到了！对孩子和父母来说，这是一本很好的书，为他们提供了一条合适的途径：通过学习来提升自信心。本书用适合这个年龄段的孩子阅读的语言进行写作，文风简明清晰，设计了一个名叫杰姆的友好怪物角色，让它陪伴孩子徜徉于许多有趣的活动和游戏之中。这些练习会帮助孩子重视自己、关注自身的独特之处，并认可自己拥有的禀赋。这些练习可以提高他们的思想认识，培养诸多有用的技巧；还能帮助孩子理解和表达情绪，去尝试一些让自己变得更为勇敢的新方法。此外，书中还介绍了正念技巧，它可以让孩子变得更有自我意识，引导他们去探索自己与周围世界的各种联系，发现自己的内心感觉，获取内在的平静——所有这些，都会非常自然地带来自信。

本书内容丰富且全面，用友好的方式，通过改善营养、提升睡眠质量和体育锻炼来帮助孩子，并采用一些简单的心理训练来让改变发生。

我强烈推荐这本非常有价值的书，它能真正地支持孩子充分地做自己，并对自己的生活充满热爱。

英国咨询和心理治疗协会注册咨询师和心理治疗师
阿曼达·阿什曼－温布斯（Amanda Ashman-Wymbs）

引言：父母指南

《勇敢一点》是一本实用指南，帮助孩子找到内心的勇敢，克服害羞。本书利用儿童心理学家开发的技巧和方法，帮助你的孩子以新的视角看待自己的害羞和勇敢——让他们摆脱害羞，更好地前行。

我们用"害羞"一词来形容许多行为——内向、社交焦虑、说话轻声细语——重要的是，那些被贴上"害羞"标签的人并没有什么错。享受独处的时光，选择何时发声，这些都是非常积极的特质。然而，害羞也可能表示对社交环境、尝试新事物和做真实的自己的焦虑。

也许你的孩子正苦苦挣扎于交朋友，或者在其他人身边时似乎会隐藏、退缩。也许他们曾受到欺凌或嘲笑的影响，抑或他们避免冒险，因为无论发声或失败对他们来说都太可怕了。勇敢的意义在于，它不是无所畏惧，而是在感受到不舒服的情绪时能坚持到底。

本书面向 7 ~ 11 岁的儿童，这一年龄段正是社会关系意识增强的阶段，这意味着他们开始关心别人对他们的看法，再加上青春期的初步迹象和来自学校的压力，也难怪这个年龄段的孩子会为了适应而退缩或隐藏自己。如果这听起来像你的孩子，那么你并不孤单。有了你的支持和耐心，就能培养他们的勇气和自信，这样他们就可以面对挑战做自己，并成长为一个自信、快乐、明智的年轻人。

儿童害羞的表现

注意下面的种种表现，它们表明害羞正在困扰你的孩子。

· 他们不愿意尝试新事物

· 他们不愿意参加活动

· 他们不在群体中发言

· 他们在家里和在学校似乎有着截然不同的性格

· 他们为自己描绘了一种孤独的未来成年生活

· 他们很难与他人建立友谊

· 他们一想到要离开你就会感到紧张或苦恼

· 他们曾经被取笑或被欺负过

在日记中记录孩子害羞的行为是很有用的，这可以帮助你清楚地了解孩子的生活受到害羞影响的程度，有时还可以让你将看似无关的行为联系起来。

我们很难观察到孩子的心理和情绪健康——有时我们作为父母可能会发现自己的行为对他们没有帮助。善待你自己，并懂得通过培养兴趣和支持孩子来给予孩子一份巨大的礼物。任何快速的解决办法都无法实现勇敢；这是一种终身的习惯，也意味着任何时候开始都不会太晚。

如何使用本书：写给父母和看护人

　　这本书是写给你的孩子的，所以你的参与程度取决于他们想要或需要你多少。一些孩子可能喜欢自己独立来做书中的活动，而另一些孩子可能需要一些指导和鼓励。

　　即使你的孩子想独自完成这些活动，你也最好表现出对此感兴趣并主动谈论这本书——谈论他们在书中所学到的任何东西，或者任何他们觉得无用或无聊的部分。平静地倾听他们对你送给他们的书的诚实反馈，可以让孩子变得更勇敢！

　　书中的活动旨在让你的孩子思考他们的情绪和思维方式，因此让他们放心，并没有错误答案，他们可以按照自己的节奏阅读。希望本书能帮助你和孩子更好地了解彼此，弄清楚害羞和勇敢是如何发挥作用的。如果你对孩子的心理健康有任何严重的担忧，那么咨询医生仍然是最好的选择。

如何使用本书：儿童指南

曾有人说过你"害羞"吗？这可是一个常用词！也许你不想和某人一起玩或做些什么……也许有时候你不想说话。这都没什么问题。

不过，有时候，害羞的感觉会妨碍你做自己和开心玩耍。以下是一些可能会出现在你身上的现象。

- 你有时根本不说话，因为你太紧张了
- 你对自己的外表或性格感到尴尬
- 你觉得自己不像别人那样擅长做事
- 你觉得很难为自己发声

如果这听起来很像你，那你可不是唯一的！很多孩子都会有这样的感觉——只不过他们会用不同的方式表现出来。这本书是为了帮助你找到自己的声音，并在重要的时刻勇敢地行动，同时你仍然可以做那个出色的自己。

书中有很多活动和想法，可以帮助你了解自己的思想、情绪、害羞和勇敢。你可以按照自己的节奏阅读，也可以随时得到大人的帮助。书中可能也有你想和大人谈论的东西。这本书是写给你的，也是关于你的，并没有错误答案——你说了算！

怪物杰姆简介

嗨,很高兴见到你!

我是杰姆,我来指导你读完这本书。

你觉得害羞吗?我当然知道……这没关系。如果你觉得你的害羞阻碍了你享受生活,那么这本书就能提供帮助。这里有很多很酷的想法可以学,也有很多有趣的活动可以做。准备好了吗?我们开始吧!

Contents 目录

- 1 / 第一章 害羞和我
- 2 / 活动：关于我的一切
- 4 / 我是独一无二的，就像我的指纹一样！
- 6 / 害羞意味着什么？
- 9 / 寻找迹象
- 10 / 活动：对我来说，什么是勇敢？
- 12 / 害羞对我有什么影响？
- 14 / 活动：对我来说，害羞是什么样子？感觉如何？
- 16 / 活动：所有关于我的测验
- 19 / 活动：想象最勇敢的自己

- 20 / 第二章 勇敢支持者
- 21 / 什么是正念？
- 22 / 倾听你的身体
- 23 / 活动：你现在感觉如何？
- 24 / 活动：跟踪你的情绪
- 26 / 活动：54321 感觉法
- 28 / 活动：呼吸的形状
- 30 / 活动：快速平静法

31 / 活动：你的身体是紧张的还是放松的？
33 / 什么是自言自语？
34 / 活动：匹配关键词
36 / 活动：该休息一下啦
37 / 活动：三个不同的故事
38 / 活动：当_____时，我很勇敢
40 / 活动：魔法词
42 / 活动：字谜游戏
44 / 活动：大声地说
45 / 活动：为你喝彩！

46 / 第三章　做自己，就很好
47 / 你并不孤独
48 / 活动：我的优点
49 / 活动：昂首挺胸
50 / 活动：我喜欢自己
52 / 活动：谈论你的感受
54 / 说"不"
56 / 活动：当难以开口时，就一起找点乐子
58 / 不要和别人比较
60 / 建立同理心来击败比较
62 / 活动：我的勇敢之家

65 / 完美并不存在
66 / 活动：用美好的事物滋养你的心灵
68 / 活动：我的恐惧说……我的勇敢
　　　说……

70 / 第四章　如何才能勇敢一点
71 / 活动：勇敢与退缩
72 / 活动：制订计划
74 / 方法 1：所有的感觉都正常
75 / 活动：慎重对待感觉
76 / 方法 2：制作连环画
78 / 方法 3：练习，练习，练习
80 / 方法 4：慢慢来

82 / 方法 5：了解你的应对方法
83 / 组合应对方法
84 / 活动：画出你的练习步骤
86 / 什么是回避？
87 / 你的大脑是如何学习的？
88 / 勇敢与退缩的表现
91 / 大声说出来
92 / 对你的身体感到害羞
94 / 活动：翻转你的想法
96 / 做自己
98 / 关于勇敢的故事

100 / 第五章　照顾好自己

101 / 放松的时间

102 / 活动：制作你自己的放松球

103 / 注意上网安全

104 / 保证睡眠充足

105 / 活动：现在是游戏时间

107 / 吃得健康

108 / 活动：设计健康食谱

109 / 好好锻炼

110 / 活动：舞动你的语言

112 / 活动：你的空间

114 / 让自己远离电子屏幕

116 / 第六章　自我激励

117 / 活动：我学到了什么？

118 / 活动：制订行动计划

119 / 活动：写日记

120 / 活动：传播勇气

124 / 结语

126 / 写给父母和看护人：如何帮助孩子增强勇气

128 / 推荐阅读书目

第一章　害羞和我

本章我们将学习关于你和关于害羞的所有知识。了解自己，了解害羞在你生活中的表现，是成长为一个勇敢的人的重要组成部分。

勇敢一点
克服害羞的儿童指南

活动：关于我的一切

首先，让我们来了解你的一切！

我的名字叫_____

我今年_____岁

我的家人有_____
_____
_____

第一章 害羞和我

我最喜欢的食物是_____

我的理想周末会是_____
_____

我擅长__
___
___
___
___
___
___
___
___
___

当我_____时,
我是个好伙伴

勇敢一点
克服害羞的儿童指南

我是独一无二的，就像我的指纹一样！

你有没有注意过指尖皮肤上的线条？这些就是你的指纹。仔细看，很有意思！

每个人的指纹都是独一无二的，性格也是如此！你的性格是由你所想、所感和所做的一切组成的。世界上没有人和你一模一样。

让我们更好地了解你的性格。

我喜欢 _____

我最喜欢的事情是 _____

我的天赋是 _____

我不喜欢 _____

第一章 害羞和我

当_____时，我会笑

当_____时，我很安静

当_____时，我会大声说话

我对_____感兴趣

我最喜欢的东西是我的宠物

我对大自然很感兴趣

勇敢一点
克服害羞的儿童指南

害羞意味着什么？

有时我们会感到害羞，因为我们更喜欢独处，更喜欢待在小团体而不是大团体中，或者和我们非常熟悉的人在一起，这都没关系。

但在其他时候，感到害羞意味着我们害怕说话或加入。当我们有这种感觉时，这是一种焦虑。焦虑是大脑保护我们安全的方式。

数千年前，人类生活在洞穴中，周围有可能伤害或杀死他们的危险动物，如狼和剑齿虎。因此，人类的大脑发展出了一种保护他们安全和生命的方法。每当人类感觉到危险时，他们的大脑就会充满一种不舒服的感觉——焦虑。为了阻止这种感觉，人类就会逃离危险。

自那以后，人类的大脑在很多方面发生了变化，但焦虑依然存在，因为它能很好地保护我们的安全。

今天，我们基本上不需要提防狼或老虎，但我们的大脑仍然以同样的方式寻找危险。

如果你发现在社交场合说话让人神经紧张，那你可不孤单！你的大脑正在意识到可怕事情的危险，如被嘲笑、被拒绝或犯错误。你的大脑会告诉你：保持安静，这样更安全。

但保持安静、远离恐惧意味着你错过了太多，你的朋友也错过了了解真正出色的你的机会。

第一章　害羞和我

I like myself

我喜欢我自己

第一章　害羞和我

寻找迹象

害羞的迹象

害羞会以不同的方式表现出来，例如下面的迹象。

- 你想和大人保持亲密关系
- 繁忙的地方让你感到焦虑
- 有些时候感到难以开口
- 你的说话声变得很小
- 你很容易感到尴尬

勇敢的迹象

害羞之中也有很多勇敢的表现，以下是你勇敢的几个迹象。

- 即使感到害羞，你仍坚持做某事
- 当你感到不舒服的时候，你会想办法让自己感觉更放松
- 你会尽自己最大的努力
- 你会谈论自己的感受
- 你不会仅仅因为别人都在做某事而去做它

活动：对我来说，什么是勇敢？

不同的人对不同事情的难易程度的理解不同。做艰难的事需要勇气。做什么事情对你来说是勇敢的？

把你觉得很难的事情涂成红色，有点棘手的事情涂成黄色，对你来说容易的事情涂成绿色。你也可以添加一些自己喜欢的颜色！

- 在课堂上发言
- 结交新朋友
- 尝试新事物
- 发表我的观点
- 当我和某人说话时看着他
- 在餐厅吃午饭
- 上学
- 进行体育运动

第一章 害羞和我

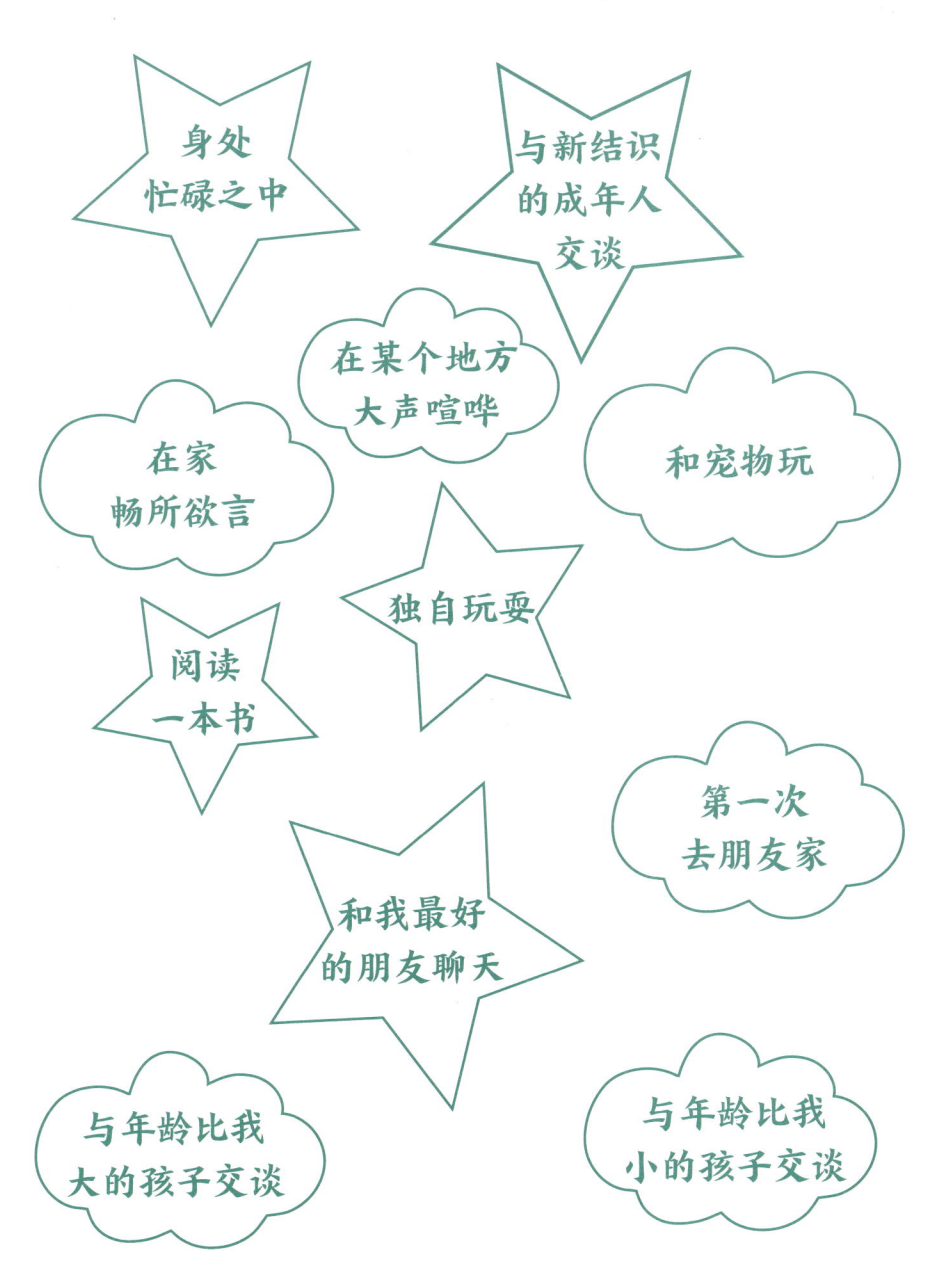

- 身处忙碌之中
- 与新结识的成年人交谈
- 在某个地方大声喧哗
- 在家畅所欲言
- 和宠物玩
- 独自玩耍
- 阅读一本书
- 第一次去朋友家
- 和我最好的朋友聊天
- 与年龄比我大的孩子交谈
- 与年龄比我小的孩子交谈

害羞对我有什么影响？

害羞对每个人的影响都不同。它既意味着你对自己身体的某个部位、你的声音或自己的某个事实感到尴尬，也意味着在某些情况下感到害怕或不安，即使在你周围并没有发生任何危险的事情。

也许害羞让你很难交到朋友，或者你觉得当你和别人在一起时，你不得不隐藏自己的一些东西。

也许害羞会阻碍你去做一些特定的事情，如去游泳池或打电话。

在这里写下来或画出来。

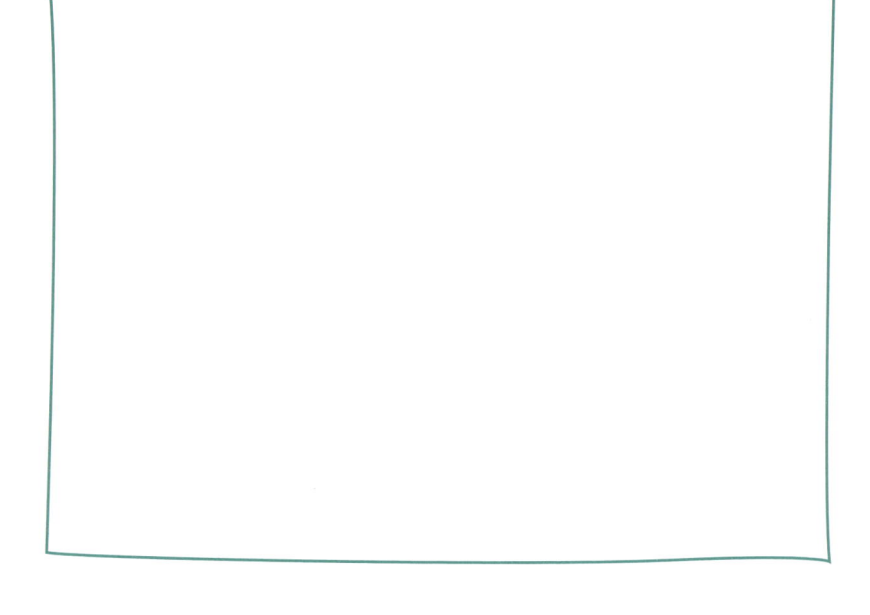

第一章　害羞和我

活动：对我来说，害羞是什么样子的？感觉如何？

害羞在你的身体里是一种什么感觉？它可能是一种微弱且紧绷的感觉，沉重或灼热的感觉，在你的胸部、腹部或肩部……每个人都不一样。在下图身体上画出或写下害羞的感觉。

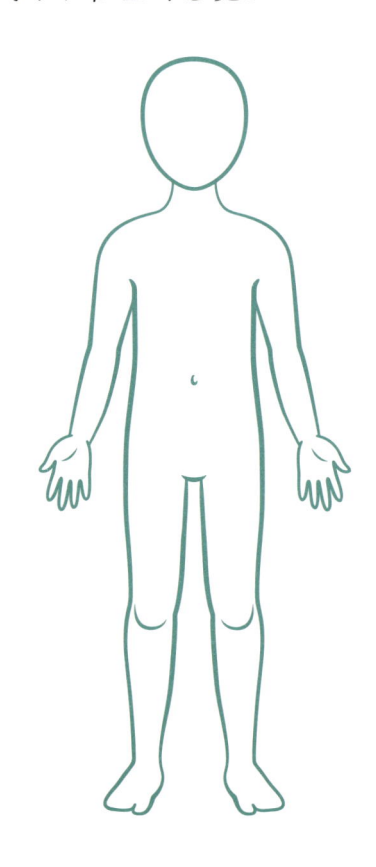

第一章　害羞和我

当你感到害羞时,你的身体是怎样运动或变化的?朋友如何发现你在害羞?也许你咬了指甲、缩紧脚趾或脸颊发红。画出或写下你害羞的外在表现。

活动：所有关于我的测验

参加这个测验，了解更多关于自己性格的信息。圈出最适合自己的答案。

1. 当我听一首歌时，我最容易记住_____。

A. 它的歌词

B. 它的曲调

C. 它带给我的感觉

2. 当我和朋友在一起时，_____更重要。

A. 相处

B. 听取我的意见

C. 确保每个人都能做自己

3. 我的卧室_____。

A. 干净整洁

B. 相当杂乱

C. 东西虽多，但一切井然有序

第一章　害羞和我

4. 当我画画时，我更喜欢_____。

A. 遵循规则

B. 画我喜欢的任何东西

C. 有了一些灵感后再开始画

5. 我有_____。

A. 一个最好的朋友

B. 很多朋友

C. 一群密友

> 大多数情况下选 A：你非常善于观察，这意味着你注意到了别人忽略的细节。敏感是你的超能力，当生活简单明了时，你会感觉很好。

> 大多数情况下选 B：你是一个自由的人，你总是忍不住要做一个出色的自己！勇敢是你的超能力，当你能尽情发挥想象力时，你会感到最舒服。

> 大多数情况下选 C：你是自己和其他人的好朋友。想象力是你的超能力，你会想出绝妙的点子。当每个人都相处融洽时，你感觉最好。

I am brave

我很勇敢

第一章　害羞和我

活动：想象最勇敢的自己

闭上眼睛，想象一下：如果恐惧或害羞从未阻碍你，你的生活会是什么样子的？让你的想象力天马行空……你可以想想现在或长大后的自己。你想怎么做就怎么做吧！为最勇敢的自己装饰这个房间——试着把你生活中想做的一切事情都包括进去。

第二章 勇敢支持者

在本章中,我们将探讨如何赋予自己额外的勇气力量!

第二章　勇敢支持者

什么是正念？

正念意味着放慢脚步并真正关注一些事情。你几乎可以专心地做任何事情，从刷牙到走路，从做家庭作业到呼吸。当你专注于此刻正在发生的事情时，你的大脑可以从思考未来可能发生的事情和已经发生的事情中得到休息。这对你的大脑来说有点像假期。

倾听你的身体

让我们尝试一种叫作身体扫描的专注活动。闭上你的眼睛，想象一束激光正在穿过你的身体。从你的头顶开始，然后将你的注意力激光缓慢地向下移动，经过你的耳朵。看看你能以多慢的速度将激光从肩膀、腹部、腿部移动到脚趾尖。

感觉如何？你有没有注意到你身体里的任何感觉——疼痛、发痒、某些地方需要伸展？

如果你感到担心、害怕或难以入睡，进行身体扫描是一种很好的镇静方法。

活动：你现在感觉如何？

你现在有情绪吗？你能说出它的名称吗？也许你感觉不止有一种情绪，或者你的感觉无法用一个名称来概括。用你此刻的感觉来装饰这颗心。你可以使用图片、颜色、图案、文字等任何你喜欢的东西！

活动：跟踪你的情绪

为每个不同的情绪选择不同的颜色，用这个情绪跟踪器记录一周的情绪。

	早晨	下午	傍晚	夜晚
星期一				
星期二				
星期三				
星期四				
星期五				
星期六				
星期日				

○ 快乐　　○ 激动　　○ 无聊　　○ 平静
○ 生气　　○ 难过　　○ 担忧　　○ 害羞

第二章　勇敢支持者

　　你注意到什么图案了吗？也许一天中有一段时间对你来说特别容易或特别困难。你如何改变你的一天，让困难的部分感觉轻松一点？

活动：54321 感觉法

停下你正在做的一切，用手指倒数……

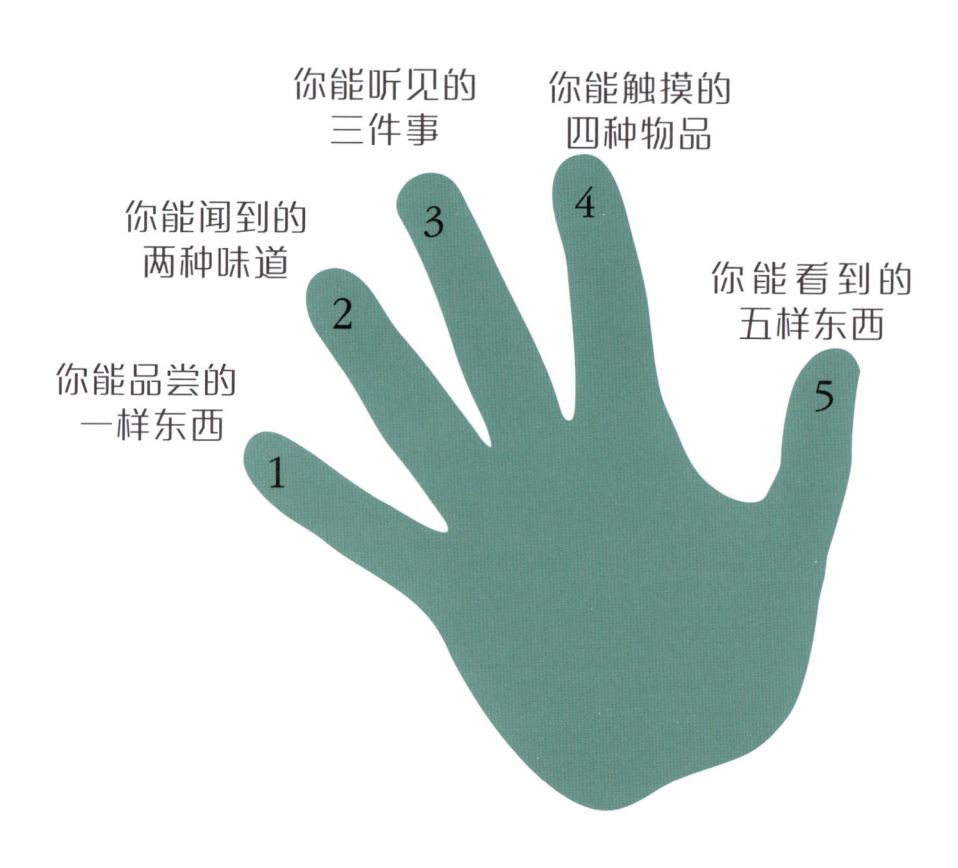

你能听见的
三件事

你能触摸的
四种物品

你能闻到的
两种味道

你能看到的
五样东西

你能品尝的
一样东西

3

4

2

1

5

第二章　勇敢支持者

> 杰姆可以看到鸟、云、树叶、蜜蜂和柔软的绿色皮毛
> 杰姆可以触摸柔软的皮毛、青草、树皮和泥土
> 杰姆可以听到风声、汽车行驶声和拍手声
> 杰姆可以闻到割过的青草和湿泥巴的味道
> 杰姆可以尝到苹果的味道

这个巧妙的技巧将帮助你无论身处何地都能感到平静。

活动：呼吸的形状

当你需要增加一些额外的勇气时，专注于你的呼吸是一个很好的方法。把你的手指慢慢放在下面的呼吸轨迹上，想象吸进去的是勇敢、呼出去的是恐惧。

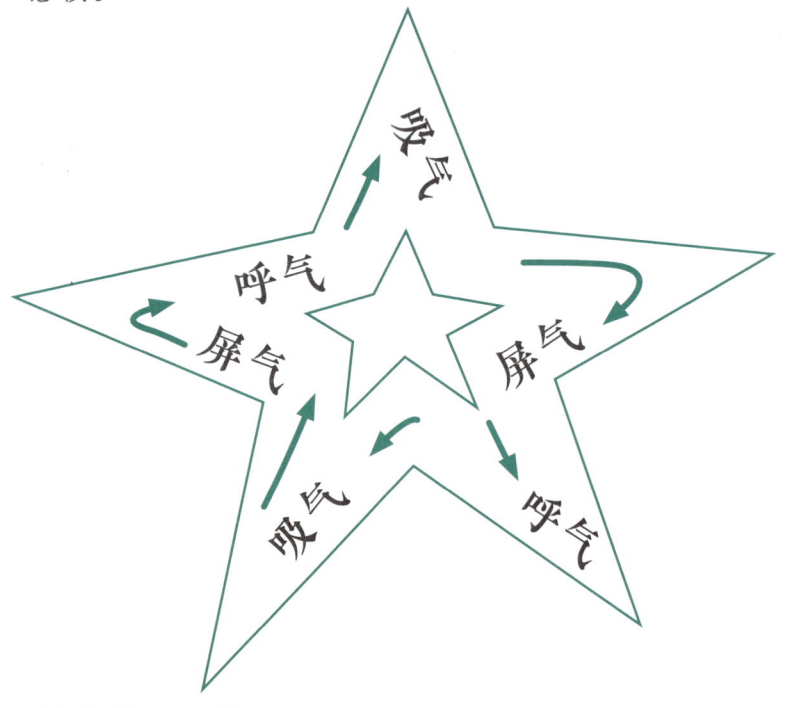

为什么不在光滑的鹅卵石或一张结实的卡片上画一个呼吸的形状呢？保持你的呼吸轨迹，这样无论走到哪里，你都能变得勇敢。

第二章　勇敢支持者

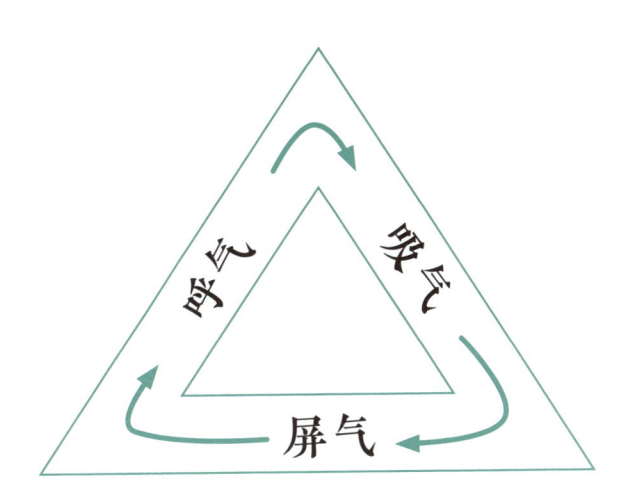

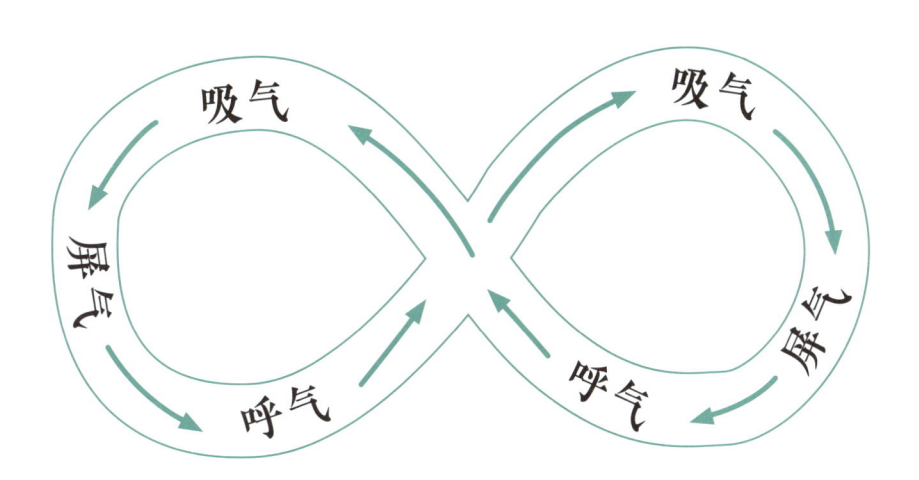

活动：快速平静法

你知道移动你的身体可以让你的头脑平静下来吗？这是真的！当你准备做一些勇敢的事情时，事先尝试以下活动之一，让自己更加平静、自信。

- 把腿当乐器，在腿上"敲鼓奏乐"
- 原地跳跃
- 绕圈踏步
- 轻拍肩膀
- 左右摆动手臂

> 如果你觉得在别人面前做这些事情很傻，那就在自家房间里做，或者找一个安静、隐蔽的地方做。

活动：你的身体是紧张的还是放松的？

检验害羞的感觉是来自恐惧还是仅仅是你的本性的一个好方法，是看看你的身体有多放松。

你的肩膀缩成一团了吗？

你的呼吸急促吗？

你的牙关咬紧了吗？

你用手捂着肚子吗？

这些迹象表明，你的身体很紧张，你的大脑认为它需要保护你的身体免受某些东西的伤害。尝试用一种快速平静法来帮助你放松身心。

I can do hard things

我能做困难的事情

什么是自言自语？

自言自语是我们在头脑中对自己说话的方式，也是我们用自己的声音谈论自己的方式。它对我们的勇敢、自信和冷静有很大的影响。

想想你曾经感到害羞的一次经历。你还记得当时对自己的一些想法吗？如果记得，请在此处填写。

例如，"我在这里受欢迎"或"没人想和我说话"。

_____

_____

这就是自言自语。你的自言自语中有多少善意和耐心？如果别人用那种方式跟你说话，你会有什么感觉？

这里有一个好消息：你有能力选择更友善、更有耐心的自言自语。如果你听到自己对自己使用不友好的话语，那么你可以选择使用更友好的话语。例如：

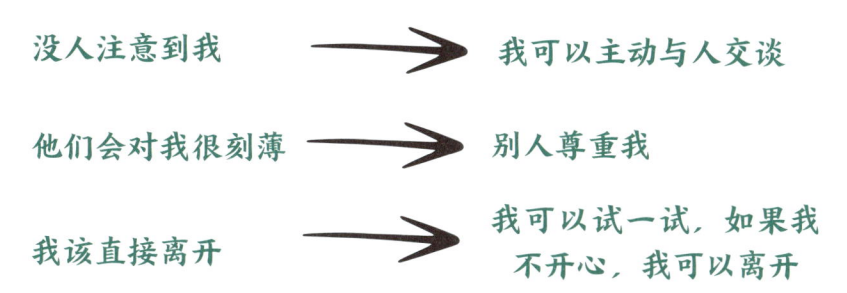

没人注意到我 ➡ 我可以主动与人交谈

他们会对我很刻薄 ➡ 别人尊重我

我该直接离开 ➡ 我可以试一试，如果我不开心，我可以离开

活动：匹配关键词

选择右边的单词与左边的单词连接，你会发现这些关键词有助于你变得勇敢。

我像_____   **一样_____**

狮子	强壮
河	勇敢
高山	强大
海狸	冷静
海洋	好奇
海豚	聪明
猴子	坚定
树	特别

第二章　勇敢支持者

我像＿＿＿＿＿＿　　**一样**＿＿＿＿＿＿

狗　　　　　　　　强大

牛　　　　　　　　有趣

花　　　　　　　　滑稽

猫　　　　　　　　自信

猫头鹰　　　　　　友善

马　　　　　　　　有创造力

美洲驼　　　　　　坚韧

独角兽　　　　　　友好

树懒　　　　　　　美丽

火烈鸟　　　　　　明智

鲨鱼　　　　　　　快乐

活动：该休息一下啦

读这本书可能会令你感到挫败——它总是告诉你要更勇敢，做困难的事情！现在，让我们休息一下。

你做得很好，而且你非常聪明。你不必改变自己，也不必在没有准备好之前就做困难的事情。

你现在能对自己说一些充满善意的话吗？以下是一些例子。

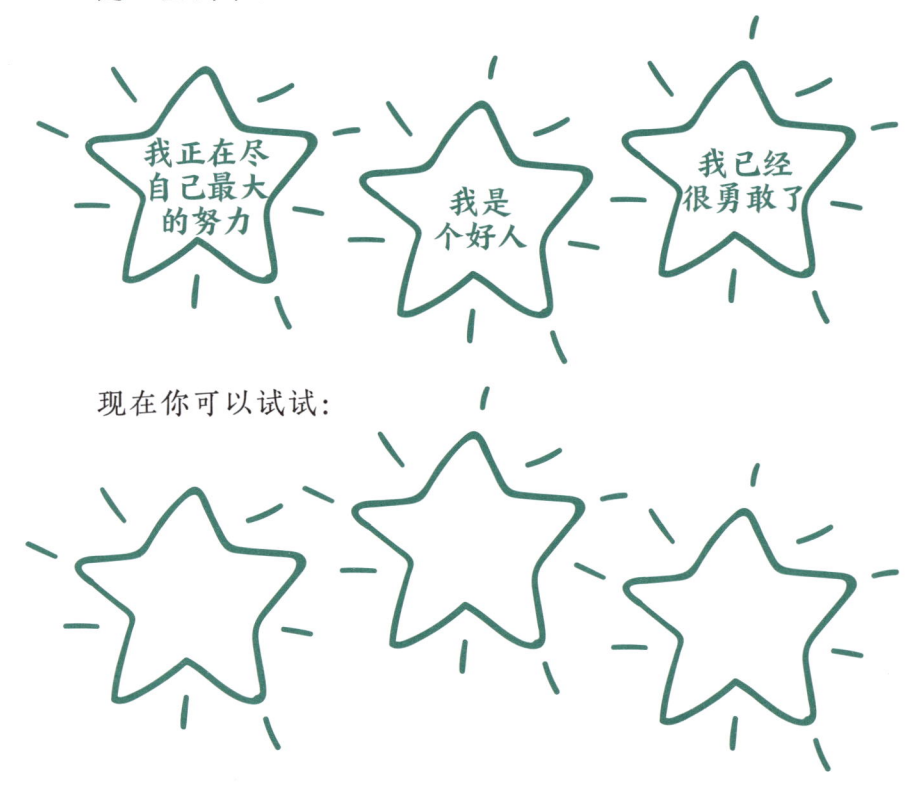

- 我正在尽自己最大的努力
- 我是个好人
- 我已经很勇敢了

现在你可以试试：

第二章　勇敢支持者

活动：三个不同的故事

总有至少三种不同的方式来思考尚未发生的事情。

有什么将要发生的事情让你感到紧张吗？也许你正在考虑放弃或不参与。

首先，写下恐惧告诉你的事情。

例如：我会输掉比赛，这让我感到尴尬。

现在，写下你的希望告诉你的话语。

例如：这可能很有趣，我们甚至可能会赢。

最后，写下你认为可能发生的事情。

例如：我会和我的队友玩得很开心。

勇敢一点
克服害羞的儿童指南

活动：当＿＿＿时，我很勇敢

你能想到有一次你勇敢地做了一件让你感觉很困难或很可怕的事吗？

_____

_____

_____

你还记得是什么帮助你找到勇气去做那件事吗？

_____

_____

_____

你如何利用对最后一个问题的回答来帮助你在今天和未来找到勇气？

_____

_____

_____

_____

第二章 勇敢支持者

你再次尝试过令你感到困难或可怕的事情吗？

_____

_____

如果是，上次感觉如何？

_____

_____

如果否，对你来说，这仍然是一件困难或可怕的事情吗？

_____

_____

> 想想你过去表现勇敢的时候，这是为未来树立勇气的一个好方法。

活动：魔法词

思想可以像神奇的勇敢咒语一样发挥作用。诀窍是找出哪些词语和想法对你有魔力。每个人都是独一无二的，所以他们的魔法词也将是独一无二的！杰姆发现这些魔法词令人平静。

试试这些魔法词。对自己说出这些词，看看它们是否对你的身体有神奇的镇静作用。当你找到一个这样的词，写在这里。

第二章　勇敢支持者

我很
聪明

我心怀
感激

我可以
休息一下

我很
强大

我很
平静

我看到了
我的优势

我可以
选择我的
想法

我有着
史诗般
的个性

我很
勇敢

我很
坚强

我很体贴

我很
神奇

我很
安全

我爱
我自己

活动：字谜游戏

你玩过字谜游戏吗？这是一个很古老的游戏！两个人或两个以上的人打手势并猜词语。字谜游戏很容易学，它是结识新朋友的好方法，尤其是当害羞阻碍你开口时。可以先跟大人一起练习。

以下是玩法。

☀ 一个玩家想出一个词,并对其他玩家保密。

☀ 他们必须表演这个词——不许说话!

☀ 其他玩家必须不断猜测,直到猜对。

☀ 一旦猜到了这个词,玩家们就可以互换位置,再玩一次。

鸵鸟!

散步!

跑步!

活动：大声地说

害羞会让我们的声音变得细小，勇敢会让我们的声音变得大而自信。

你能在这个演讲泡泡中发出你的大嗓门吗？可以写下你的名字，或者"我是勇敢的"，或者第41页的一些神奇的话语。你也可以用不同的颜色和图案来装饰它。

第二章　勇敢支持者

活动：为你喝彩！

对你来说，勇敢是独一无二的。为你最勇敢的时刻设计徽章和奖杯，以此来鼓励自己。

第三章　做自己，就很好

随性而为就是最好的自己。相信自己是释放勇气的关键。

第三章　做自己，就很好

你并不孤独

每个人都会感到害羞、害怕和渺小。这没什么错，你有这样的感觉也没问题。

你可以有各种各样的感觉。情绪不会伤害你。

如果你正在读这本书，并考虑做困难的事情，你已经很勇敢了。每当你感到害羞时，都表明你很勇敢。

活动：我的优点

你能想出自己的10个优点吗？我打赌你还有更多优点，但这里只需10个！想想你擅长的事情，你觉得有信心做的事情，以及别人对你的赞美。例如："我是个很棒的朋友""我有很丰富的想象力"。

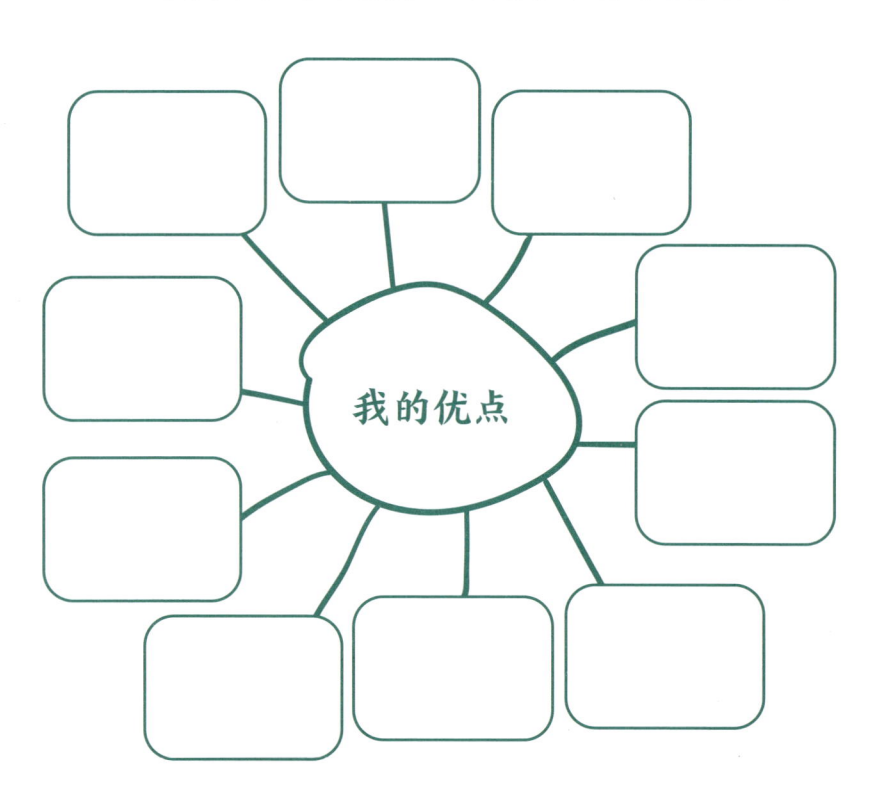

我的优点

第三章 做自己，就很好

活动：昂首挺胸

当杰姆感到害羞时，他的身体会尽可能地缩小。

我们的感受对我们的身体形态有很大的影响。但你可以用一个巧妙的技巧扭转这一局面：用你的身体来改变你的感觉。

试试看：
蜷缩起来，让自己尽可能地变小。感觉如何？

现在，抬起头，挺直背。也许你已经有点自信了。

站起来，让你的腿强壮笔直。像星星一样张开你的手指，把你的手臂伸出来，或者伸向天空（以感觉最好的为准）。深呼吸。

你现在感觉怎么样？

活动：我喜欢自己

当你喜欢自己时，勇敢就会成长。花点时间画一张自己的画像，这会给你一个赞美自己的机会。你能在下一页画一幅自画像吗？试着看看镜子或照片中的自己。你可以画全身，或者只画脸——你自己选择！

第三章 做自己，就很好

活动：谈论你的感受

你的家人和好朋友都想知道"成为你"是种什么感觉，所以不要害怕和你信任的人谈论你的感受。

即使你担心你的感觉不太合理，或者你不确定它们会给对方带来什么感觉，你的感觉仍然很重要。

谈论你的感受是让你感觉更好和树立勇气的最简单和最好的方法。它帮助对方了解真实的你。更重要的是，当你向你信任的人说出你心中的想法时，这会让那些负面的想法、感受和经历变得轻松一些。说出你真实的情绪是非常勇敢的。

画出那个在你的生活中你觉得与之交谈任何事情（感受、随想、问题）都很舒服的人。一个人就够了，两三个人就很多了，如果你有更多这样的人选，那就太好了！

第三章 做自己，就很好

说"不"

说"不"有时是世界上最勇敢的事情。但当你对自己感觉不舒服、不喜欢或没有时间做的事情说"不"时,别人有时会感到不安。

别人也会像你一样,有困难的感觉。别人也能感受到所有的感觉。

有时候,害羞意味着我们不愿意说"不"。这感觉很可怕,甚至很危险。

说"不"有很多方法。这里有几个练习,哪些话说出来会让你感觉不错呢?

> 不,谢谢。

> 我很乐意,但我不能。

第三章 做自己，就很好

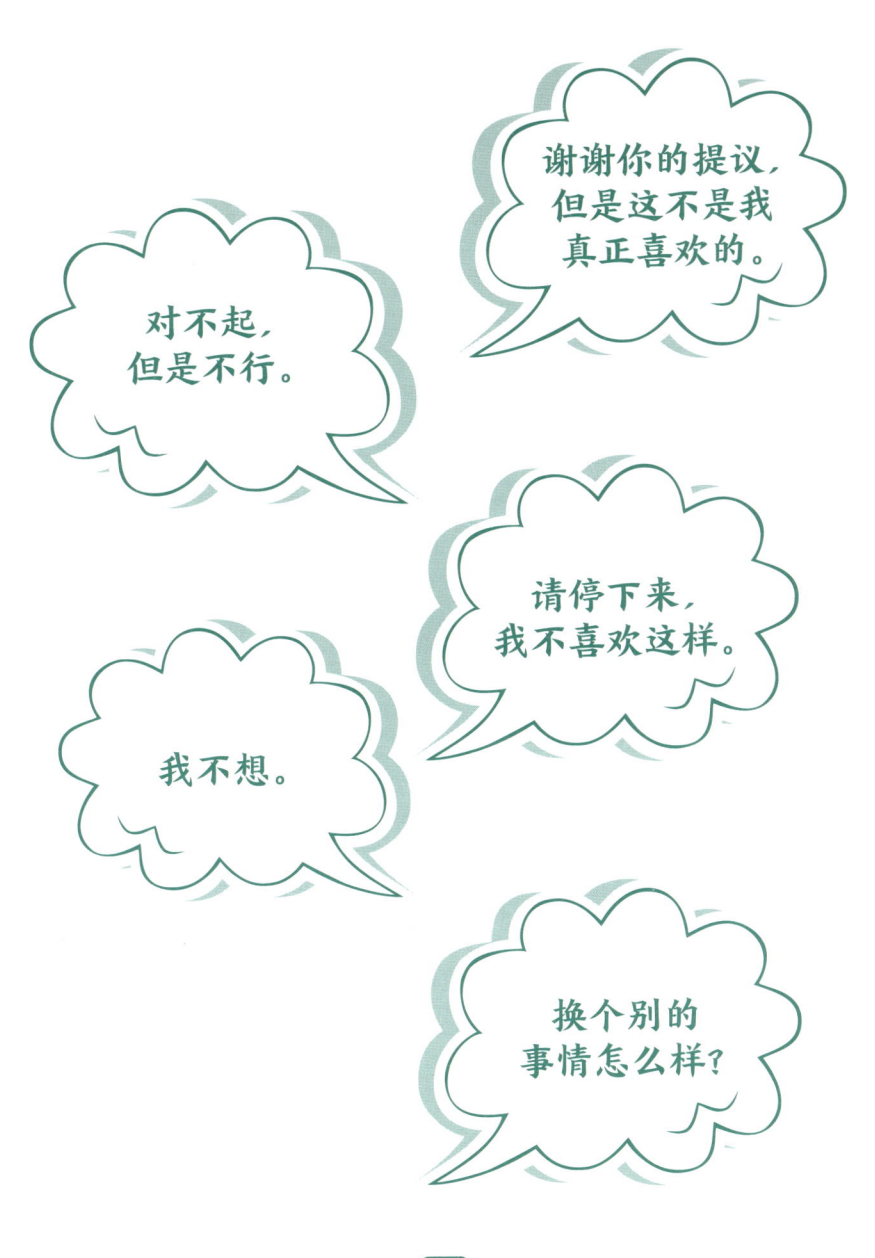

谢谢你的提议，但是这不是我真正喜欢的。

对不起，但是不行。

请停下来，我不喜欢这样。

我不想。

换个别的事情怎么样？

勇敢一点
克服害羞的儿童指南

活动：当难以开口时，就一起找点乐子

交谈可能非常困难，尤其是对方是你不太熟悉的人时。通常情况下，当你们一起玩游戏时，你们就可以更好地了解对方，并获得更多乐趣。

和新朋友一起试试这些游戏吧。

画出正方形

每个人选一支不同颜色的铅笔，轮流在两个点之间画一条线。游戏的目的是让你用彩色线条画出一个正方形。你可以先用你的颜色在那里画一条线，以阻止对方画出正方形。当你画出一个正方形时，把你姓名拼音的首字母放在中间。当所有的点都连接在一起时，获胜的是画出正方形数量最多的玩家。

镜像的我

一个人是领导者,另一个人必须跟随他。领导者在直线的一侧画出一个形状,而跟随者必须把它画得跟在镜子中看到的一样。60秒后交换,并保持交换,直到页面充满镜像图形。这场比赛没有赢家和输家!

如果你手头没有这本书,别担心,你只需要一张纸和一支铅笔!

勇敢一点
克服害羞的儿童指南

不要和别人比较

你有没有听过"比较是抢走快乐的小偷"这句话？想知道它是什么意思吗？

当我们和别人比较时，生活就变成了一场比赛。当有人比你高时，比较会让你觉得自己太矮，反之亦然。当生活是一场比赛时，你很难觉得快乐。我们要么输了，觉得自己很糟；要么赢了，觉得别人很差。这就是为什么将自己与他人进行比较会抢走生活中的快乐。

你爱拿自己和别人比较吗？他们可能是名人、朋友或家人，甚至是你在外面看到的陌生人。把自己和别人进行比较再正常不过了。

> 记住，当你和别人比较时，你可能会觉得自己比别人好或不如别人。两者都是比较，都被偷走了快乐！

你喜欢拿下面的哪些内容和别人比较？圈出其中的一个，如果你想到了更多，也可以补充进来。

你的样子　　你的兴趣爱好　　你拥有的东西

你的父母或看护人　　你的学校作业

当你感到嫉妒时

有时,当你认为别人比你更聪明或更好看时,你可能会感到嫉妒。这会让你对自己的智力或长相感到害羞。嫉妒是一种令人不快的情感。如果你感到嫉妒,那没关系。试着把你所有的嫉妒想法都写在日记里。

将嫉妒情绪转化为平静情绪的一个好方法是感恩。你能想到生活中值得感恩的三件事吗?

1　　　　　2　　　　　3

当你觉得自己比别人好时

当你认定你是这种比较的获胜者时,那会让你感觉很好。当你做得很好时,为自己庆祝很重要。但是,如果你只能通过认为别人不如你来感觉良好,那么你就不会真正地相信自己。

转变这一点的一个好方法是培养你的移情能力或你对他人感受的感觉。想想你和自己比较的那个人,如果他知道这种比较,你觉得他会有什么感觉?

然后问问自己:"如果他认定我是失败者,我会有什么感觉?"

建立同理心来击败比较

无论你认为自己是竞争中的赢家还是输家,同理心都会有所帮助。

同理心意味着想象另一个人的感受,以及他为什么会以自己的方式行事或拥有他所拥有的那种生活。对他人有同理心也有助于你善待自己,因为这意味着理解每个人都是不同的,没有人是完美的,我们都在尽力做到最好。

当我们培养同理心时,其他人会变得不那么可怕,因为我们知道每个人都会有点害怕、不自信和害羞。

想想下面这些情绪——你今天有没有感受到这些情绪?然后看看下一页的泡泡框,看看哪些情绪会伴随着哪个泡泡框。

- 悲伤
- 嫉妒
- 愤怒
- 兴奋
- 平静
- 忧虑
- 害羞
- 恐慌
- 惊讶
- 无聊
- 孤独
- 内疚
- 感激
- 失望
- 尴尬
- 快乐

第三章 做自己，就很好

如果这些事情发生在你身上，你会有什么感觉？在每个泡泡框中写下一种或多种情绪。

- 你的朋友不告诉你有聚会
- 你的朋友给你半个三明治
- 下雪了，学校停课了
- 你的老师说今天有拼写测试
- 父母接你回家，让你在学校多等了10分钟
- 餐厅的每个人都为你唱生日歌
- 你在公共场合绊倒了
- 你的宠物狗跑了

如果这些事情发生在其他人身上，他们可能会有与你相同或相似的情绪；或者，他们可能会有不一样的感受，这也没关系。

活动：我的勇敢之家

你本来就很聪明。你能通过装饰这所房子来展现你生活中的某些部分吗？

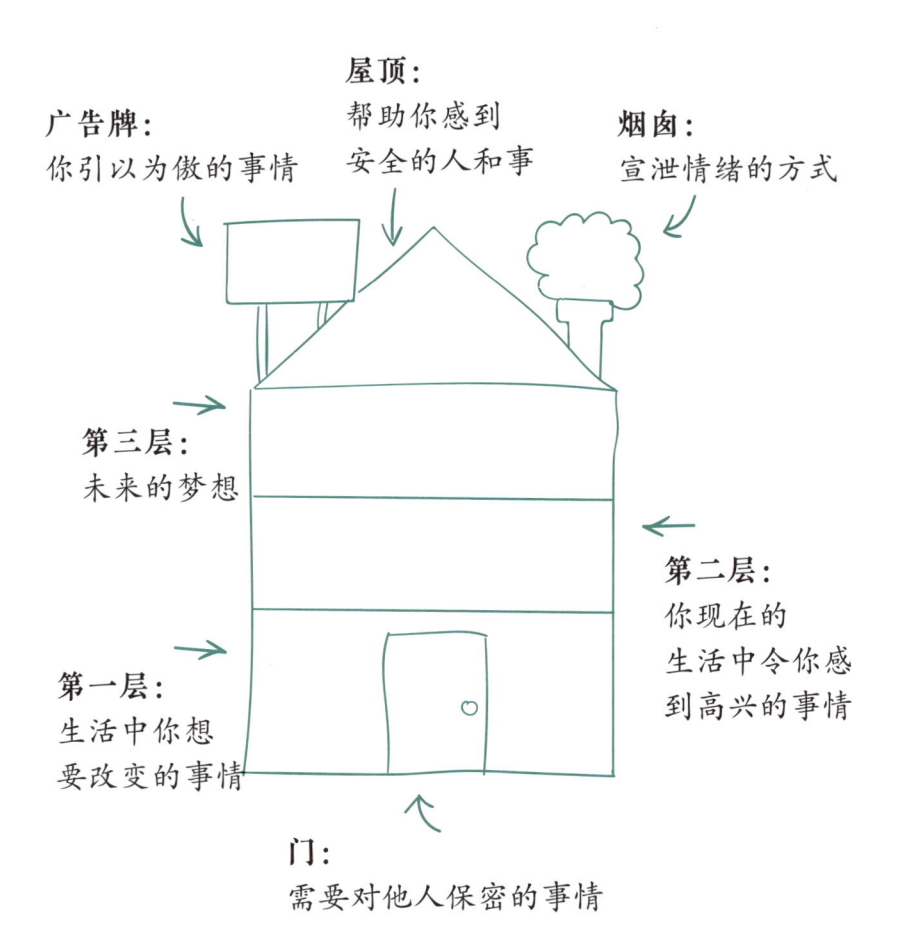

广告牌：
你引以为傲的事情

屋顶：
帮助你感到安全的人和事

烟囱：
宣泄情绪的方式

第三层：
未来的梦想

第二层：
你现在的生活中令你感到高兴的事情

第一层：
生活中你想要改变的事情

门：
需要对他人保密的事情

第三章　做自己，就很好

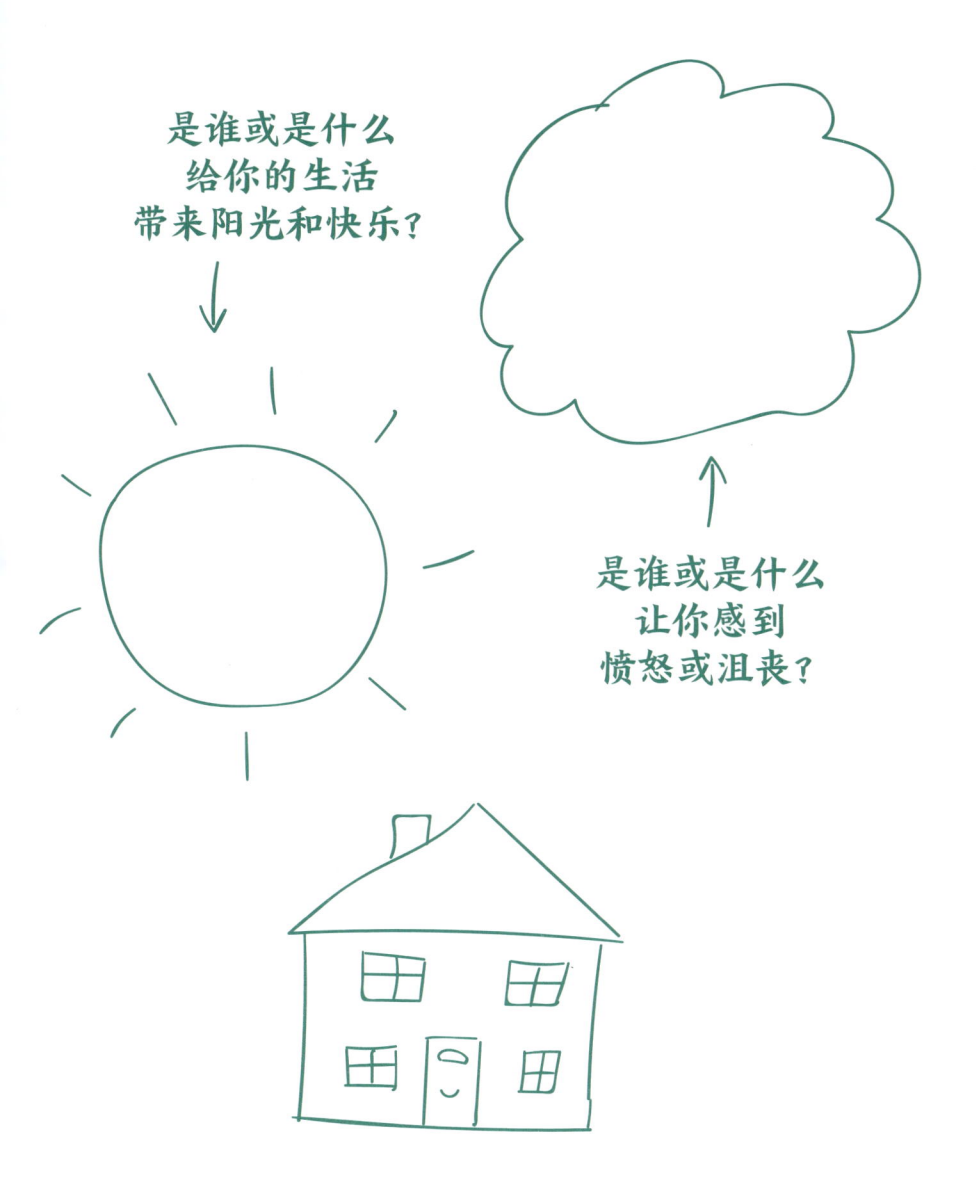

是谁或是什么
给你的生活
带来阳光和快乐？

是谁或是什么
让你感到
愤怒或沮丧？

I am a good friend

我是一个好朋友

第三章 做自己，就很好

完美并不存在

你在电视、互联网和杂志上看到的很多人和角色对你来说可能很完美。如果你的外表、思想或行为不像他们那样，这会影响你对自己的感觉。

你知道用特殊的灯光和电脑招数能使人呈现他们想呈现的东西吗？名人和你一样，都是普通人。唯一的区别是，他们会使用特殊的灯光和电脑招数，让大家看到他们想让大家看到的那一面。

完美实际上并不存在。对于什么好看，什么音乐好听，什么有趣，我们都有不同的想法。最好的人是那些明白自己的最爱可能不是别人的最爱的人。

如果有人试图因为你的外表而让你感觉不好，那需要改变的不是你的身体、脸、衣服或头发，而是他们的态度。

你是独一无二的，没有必要为了变得更像别人而改变自己。

活动：用美好的事物
滋养你的心灵

我们的大脑真的很"饿"，总是狼吞虎咽地"吃"我们看到和听到的东西。我们的大脑把我们喂养它们的东西变得有意义，这会影响我们对自己、他人和周围世界的感受。因此，对喂养你饥饿大脑的东西做出明智的选择很重要。

你有没有想过你在电视或互联网上看到的那些人，以及在书或杂志上读到的那些人？

你最喜欢的书、电影和电视节目是什么？

第三章　做自己，就很好

你能写下一些你最喜欢的人物吗？你喜欢他们的什么品质？

如果你想培养勇气，多想想你心目中与你相似和与你不同的人物。试着想想你最喜欢的人物，他们_____。

犯错误　　　　解决问题　　　　感情丰富

很勇敢　　　　一起工作

玩得开心　　为自己挺身而出

勇敢一点
克服害羞的儿童指南

活动：我的恐惧说……
我的勇敢说……

我们内心都有不同的声音告诉我们不同的事情。有些声音比其他声音大。它们有的善良、有的刻薄，有的害怕、有的勇敢。

想想让你感到渺小、害怕或害羞的事情，在此处画出来或写下来。

第三章　做自己，就很好

你内心恐惧的声音是怎么说的？

现在，你能听到自己勇敢的声音吗？仔细听，那个声音说了些什么？

第四章　如何才能勇敢一点

在本章中，你会发现，在任何情况下都能找到变得勇敢的秘诀。

勇敢

活动：勇敢与退缩

是什么让你的思想和身体产生害羞的感觉？也许它们会让你想缩小自己的身体，蜷缩成一团，跑开或消失在一股烟雾中。

它可能是某个地方——比如一个非常嘈杂或繁忙的地方；也可能是其他人的言行——如窃窃私语或把你拒之门外；还可能是一种特定的场合——如学校或生日派对。

在这里列一份清单，写下让你的勇气受挫的事情。

_____

_____

_____

_____

_____

_____

接下来，我们将学习如何才能勇敢，即使是发生了以上这些事情。

勇敢一点
克服害羞的儿童指南

活动：制订计划

现在，你有了一份勇敢与退缩的清单，这让你有机会增长自己的勇气，从而减少问题。我们来研究一下。

想一件让你的勇敢退缩的事情，写在这里。

_____

_____

_____

当想到这件事情时，你有什么感觉？把符合你心情的描述圈出来。

尴尬的　　害怕的　　焦虑的　　想逃跑
想躲起来　发怒的　　疲倦的　　僵在原地

添加自己的描述。

_____

_____

_____

第四章 如何才能勇敢一点

你的身体感觉如何？你可以使用文字、图形、颜色和符号——任何一种最适合你的形式进行表达。

在这种情况下，你内心的声音会告诉你什么？例如：
"我会被嘲笑的。"
"我会被冷落的。"
"没有人喜欢我。"
"我不能说话了。"
"每个人都会比我做得更好。"

培养勇气是一项艰巨的工作，你做得很好。你可能想用第36页的活动给自己讲一个更亲切的故事，或者在进入下一部分之前练习第34~35页的关键词。

迈向勇敢的步骤

增强勇气的最好方法是朝着你的目标小步迈进。当杰姆想到要在课堂上发言时，他的心里充满了忧虑。

杰姆怎么能把它分解成几小步呢？

接下来，你将学习如何将目标分解为适合你的步骤。

方法 1：所有的感觉都正常

每个人都会在一天之中感受到情绪——即使他们没有表现出来。大多数人不会表现出他们的每一种情绪，所以当你感觉到一种困难的情绪时，似乎只有你一个人有这种情绪。

所以，如果你感到害羞，没关系！

如果你感到焦虑，没关系！

如果你感到愤怒，没关系！

所有的感觉都是正常的感觉，它们都不会伤害你或阻止你做困难的事情。

活动：慎重对待感觉

当你感受到巨大的情绪时——如焦虑、尴尬或害怕——你可以用正念提醒自己一切都好。

以下是操作方法。

- 停止你正在做的事情
- 把手放在心脏部位
- 深呼吸
- 对自己（默默地或大声地）说："我感到_____。"
- 再做一次深呼吸
- 对自己（默默地或大声地）说："我很安全。我感到_____没问题。"

方法 2：制作连环画

你可以通过绘画、写作和想象来制作连环画，以此来练习如何变得勇敢。

杰姆的目标是下次知道问题的答案时在课堂上发言。

⬇ 第一个方框里是杰姆的教室。

⬇ 第二个方框里是接下来发生的事情。

如果我知道答案，我可以举手。

9 + 12 =

我可能感到＿＿＿＿＿＿，但我仍然可以勇敢一点。

⬆ 在第三个方框里，杰姆想象着当他勇敢地行动时，事情会如何发展。

⬆ 第四个方框里是你的感受——提醒自己，无论你有什么感受，你都可以勇敢一点。

第四章　*如何才能勇敢一点*

现在你试试看！使用此模板制作自己的连环画。

方法 3：练习，练习，练习

让自己对困难的感觉和处境习以为常，会帮助你变得勇敢。你可以在自己的勇敢计划中加入很多练习步骤。以下是一些可供参考的选项。

- 步行经过某个地方
- 独自玩角色扮演
- 与朋友玩角色扮演
- 与家人玩角色扮演
- 与玩具玩角色扮演
- 创作一首关于你将如何变得勇敢的歌曲或诗歌
- 设计一个游戏，让你做出勇敢的选择，以赢得比赛

越是习惯于在你的大脑中想象如何勇敢地应对棘手状况，在现实生活中，你就越能自如地应对！

I can take it one step at a time

我可以
一步步来

方法 4：慢慢来

按照自己的节奏做事是培养勇气的关键。你可以选择做什么和不做什么，你也可以把挑战分解，这样就感觉它们没有那么大、可怕和困难。

杰姆还没准备好在课堂上发言。没关系！杰姆可以继续听讲，并在知道答案时不大声说出来。慢慢来是可以的，这意味着杰姆在课堂上可以放松并感到自在。

尽量不要将自己与他人进行比较，不要给自己施加压力。如果有助于你感觉更舒适，就和一个值得信赖的朋友或成年人待在一起。你做得很好。

思考一下你正在为之增强勇气的挑战。它的哪些部分让你感觉良好和自在？你下一步打算做什么？你有哪些不好的感觉？

现在感觉还好吗？

第四章 如何才能勇敢一点

接下来我想尝试什么？

我现在有什么不满意的地方？

方法 5：了解你的应对方法

以下这些"应对方法"，我们大多数人都不知道自己在使用它们！

摇摆的手指让杰姆感到更加平静和勇敢。

你使用过这些应对方法吗？
圈出你做过的那些事。

把手放在口袋里　抱着双臂　咬指甲　抠你的皮肤或衣服

谈论你的感受　玩弄自己的头发　深呼吸　戴上帽子

看着地面　　　　不说话　　　　双脚弹跳

使用某些方法帮助你感到更勇敢、更舒服，那是可以的（只要你不伤害自己或他人）。清单上的一些方法实际上会让事情变得更糟。任何阻止你做自己（如不说话）、伤害你的身体（如咬指甲）或损坏你的衣服的事情都可能会让你在此刻感到更舒服，但从长远来看，这实际上会削弱勇气。你能用不同的颜色给上面列出的勇敢退缩型应对方法上色吗？

第四章　如何才能勇敢一点

组合应对方法

你有没有注意到你使用过的"勇敢退缩型应对方法"？如果你使用过，那很好。

既然你知道了"勇敢退缩型应对方法"，现在你可以尝试用"勇敢增强型应对方法"来代替它们。

这里有一些"勇敢增强型应对方法"。你会尝试哪一种？

☀ 说出你的豪言壮语

☀ 说出你的情绪

☀ 寻求帮助

☀ 靠近朋友

☀ 使用 54321 感觉法

☀ 挤压压力玩具

☀ 玩橡皮泥

☀ 做呼吸练习

勇敢一点
克服害羞的儿童指南

活动：画出你的练习步骤

现在你有了一大堆增强勇敢的方法！以下是杰姆的勇敢步骤。

- 说出并写下感觉
- 制作连环画
- 与家人一起练习并设计游戏
- 只要自己需要，一直练习步骤3
- 使用54321感觉法，外加一个搭档，我就可以在课堂上畅所欲言了

第四章 如何才能勇敢一点

现在你可以做一个属于自己的步骤了!

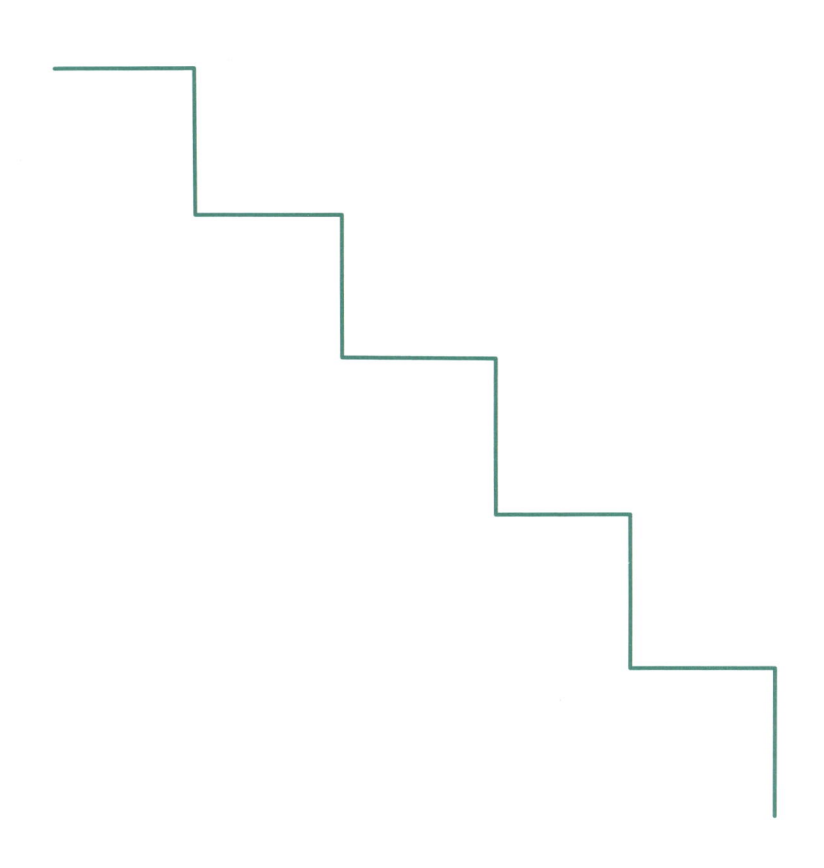

什么是回避？

当某人感觉太可怕或太危险而试图不做某事时，我们会用"回避"一词来表示。

回避那些真正感觉很可怕的事情是很有道理的，对吧？当然！

有些东西应该避开，因为它们不安全，比如深水或碎玻璃。

但是，当我们回避那些只是自己觉得可怕但实际上并不危险的事情，如结交新朋友或在课堂上发言时，我们就会错过许多美好的事情。

更重要的是，我们回避事情的时间越长，它们在我们的脑海中会变得越大、越可怕，我们就越难找到勇气去面对这些恐惧。

如果你有回避的事情，没关系。面对你的恐惧需要很大的勇气，如果你还没有准备好，那也没关系。

你的大脑是如何学习的？

大脑喜欢知道未来会发生什么。很遗憾，这是不可能的！无论如何，大脑都会尽量利用过去发生的事情来预测未来会发生什么。大脑利用情绪来帮助它们学习。

如果你曾因为在课堂上答错了一个问题而被嘲笑，那可能会让你产生一种巨大的尴尬情绪。情绪越大，你的大脑就会认为它越重要。

因此，即使你之前有很多问题都答对了（这让你感觉到了一种小小的积极情绪），你的大脑也会记住你感受到巨大情绪的时刻。

好消息是，你的大脑总是在学习，所以如果你用你的勇气去做艰难的事情，让你的大脑知道一切都很好，它就会慢慢放松，并知道勇敢是安全的。

如果你不勇敢，你的大脑就学不会这一点。在你的大脑习惯勇敢之前，最初几次总是会感到害怕。

勇敢一点
克服害羞的儿童指南

勇敢与退缩的表现

很多人会在他人面前感到害羞。也许你觉得和自己非常熟悉的人在一起很舒服，和新朋友在一起很不舒服。即使和朋友在一起，你也可能会觉得自己变得安静或尴尬。你可以通过移动自己的身体来战胜尴尬或焦虑，想象自己是勇敢和自信的。试着坐起来，深呼吸。

你可以通过提问来打破沉默。你不必大声说话，不必说很多或想出一些不寻常的话来。像"你昨天做了什么？"或"你有宠物吗？"这样简单的话会让你感觉更舒服，也能让谈话继续下去。

> 提示：尝试在每次开口说话时添加一个问题，让谈话进行下去！

你能再加几个开启对话的问题吗？以下是一些可以帮助你开始的方法。

你现在正在读什么书？

第四章　如何才能勇敢一点

你喜欢运动吗?

我喜欢你的上衣!在哪里买的呀?

如果你对某人感到害羞、害怕或担心，是因为他们对你不友善、伤害你或让你做你不想做的事情，那就不一样了。你不必和他们说话，也不必试着让自己更勇敢。如果这种事发生在你身上，请找一个值得信赖的成年人谈谈。

I am brilliant exactly as I am

我本聪明

第四章　如何才能勇敢一点

大声说出来

害羞通常意味着当不公平的事情发生（如有人在你面前推搡）或有人犯了一个诚实的错误（如给你一种你不爱吃的食物）时，很难寻求帮助或大声说出来。当你为自己发声时，总担心别人的反应，这对勇气来说是一个巨大的阻碍。记住，你无法控制他人的情绪或行为。如果他们生气或不友善，这并不意味着你说得不对。

只要你确保自己是：

☀ 礼貌的

☀ 诚实的

☀ 声音大到可以被听到的

……你就什么都没有做错。

勇敢一点
克服害羞的儿童指南

对你的身体感到害羞

你的身体属于你。有时，你可能会对自己的身体外观或运动方式感到害羞，这会让你无法享受游泳、跑步、跳舞等有趣的事情。

如果这听起来像你，你能写下几句关于自己身体的话吗？

你的身体会让你感到害羞吗？

___

你用什么样的词来形容这件事？

___

你能选择一些更友善的词吗？

___

写下你感谢自己身体的三件事（例如，健康的肺、善于攀爬、善于拥抱）。

___

试着选择更友善的语言，把注意力集中在你身体能够做的所有精彩的事情上，而不是它看起来的样子上。

I am always learning and changing

我一直在学习和成长

活动：翻转你的想法

思考事物的方式不止一种，改变你的思维方式会改变你的勇气。

杰姆正在朋友家吃饭，今天是披萨之夜，但披萨上有意大利香肠，杰姆是素食主义者。杰姆想："哦，不！我得挨饿了！"杰姆害怕说任何话，免得朋友认为他吹毛求疵或粗鲁。杰姆可以什么都不说或什么都不吃，或者吃自己不喜欢的辣香肠披萨。或者，杰姆可以把害羞的想法变成勇敢的想法："他们不知道我不吃肉。我现在可以告诉他们，问问我是否可以吃点别的东西。"

将害羞的想法转化为勇敢的想法的秘诀是，找出你真正的想法和感受。以下是你的操作方法。

害羞的想法	我真实的想法	翻转它！
我必须保持安静。 →	我担心别人对我有看法。 →	我能为自己发声。
这方面我就是不擅长。 →	我以前试过了，但做得不完美。 →	我可以不断练习，每做一次就会变得更容易。
我做不到。 →	我害怕自己不会。 →	我会尽力去寻求帮助。

第四章　如何才能勇敢一点

你能加上自己的例子吗？

害羞的想法　　我真实的想法　　翻转它！

_____

→　　　　　　→

_____

→　　　　　　→

_____

→　　　　　　→

_____

→　　　　　　→

_____

→　　　　　　→

_____

→　　　　　　→

_____

做自己

害羞有时会阻止你做自己——它会让你变得比你想要的更安静，这可能意味着其他人无法了解真实的你。

有时候，别人可能不喜欢你的想法，会阻止你说出你的真实想法或真实感受。

想象一下，每个人都想成为你最好的朋友。这可能在一段时间内会很有趣，但很快就会让人筋疲力尽。事实上，并不是每个人都适合跟你做朋友。每个人都是独一无二的，有点像拼图。每个拼图块都会适合一些拼图块，但不适合其他拼图块……这没关系！

如果你不让真正的自己发光，你就不可能找到志趣相投的人。只要你尊重他人，你就可以做自己，找到志趣相投的人。

Bravery is feeling fear and doing it anyway

勇敢就是即使感受到恐惧，也要去做它

关于勇敢的故事

我请求帮助

我非常擅长编码，我的项目通常不需要其他人的帮助。一旦我卡住了——如某个漏洞无法修复，我会感到尴尬，不想寻求帮助。我想关掉电脑，永远不再编码。现在，我向妈妈求助，一起解决这个问题。

比利，8岁

我尝试了一些新的东西

我曾经觉得骑自行车很尴尬，因为我觉得别人骑得更好，他们可能会嘲笑我。但我真的不想额外花钱学骑自行车——这听起来也很难堪！我的父母让我花钱学骑自行车，这很难，我很讨厌。但是后来，我对骑自行车有信心了。我为现在的骑车水平感到骄傲。

埃拉，10岁

我对自己的感受很诚实

当我父母分开时，我的世界发生了很大变化。我真的很想念和他们两个人住在一起的生活，但我担心谈论我的感受会让他们感到不安。所以，我给父母分别写了一封信，讲述我的感受。他们都很友善，都听了我想说的话。现在谈论我的感受时，我感觉舒服多了：父母都爱我，我的感受很重要。

弗里达，9岁

第四章　如何才能勇敢一点

我直面自己的恐惧

小时候我害怕马。我很害羞,甚至都不敢看它们!我的照顾者带我去了一个马厩,在第一次训练中,我只是在马匹被拴着的时候和它们待在一起。随着时间的推移,我学会了如何梳理马的鬃毛,如何分辨出它们的脚,如何引导它们,直到有一天我想尝试骑马。我的照顾者和马厩里的工作人员让我按照自己的节奏走。现在我经常去骑马,我感到非常自在和自信。

拉菲蒂,11 岁

我反抗霸凌

我最好的朋友患有阅读障碍,这让一些学校很是为难。一些孩子在操场上取笑他。我感到非常害怕,我想逃跑,尽管他们没有和我说话。但我用最大的声音告诉那些霸凌者不要这样做。我搂着我最好的朋友去找一个可以帮助我们的成年人。

奥马尔,7 岁

我分享了我的创造力

我喜欢画画。我在房间里用 3D 绘画颜料和小画布作画。不过,过去我不让别人看我的画,以防他们认为我的画很愚蠢。在学校,我们做了一个绘画项目,在大厅里展出我们的作品。让别人看到我的画令我感觉很好,我为自己的作品感到骄傲。现在当别人来我家看我的画时,我会更勇敢。我的家人真的很喜欢收我的画作为生日礼物。

艾比,10 岁

第五章　照顾好自己

照顾好你的身体和心灵将帮助你成为最优秀、最勇敢的自己。

第五章　照顾好自己

放松的时间

花时间放松真的很重要，它有助于保持你的身心健康。为什么不试试这些放松的活动呢？

- 去骑自行车
- 画一幅画
- 写一个故事或一首诗
- 玩纸牌游戏
- 做些伸展运动
- 制作珠宝饰品
- 与成年人一起烘焙
- 学习编织或钩编

勇敢一点
克服害羞的儿童指南

活动：制作你自己的放松球

使用这个简单的配方来制作你自己的放松球。

你需要：
- 一个大人帮你
- 1 杯护发素
- 2 杯玉米粉或玉米淀粉
- 5 个未充气的气球

如何做：

将护发素和玉米粉放在一个大碗中混合，将混合物揉成光滑的面团。

把气球撑开，一次戳一点面团进去。你可以吹一些空气，帮助面团在气球底部沉淀成一个球。

继续加入面团，直到气球里装满足够的面团，形成手掌大小的球。

确保气球里没有空气，然后把它绑起来。你的放松球就准备好了！

你可以把另一个气球套在放松球外面，使它更耐用。

注意上网安全

互联网可以是一个精彩的地方！有很多有趣的、鼓舞人心的和令人愉快的东西需要学习，互联网可以帮助你找到它们。但当你上网时，遵守互联网安全规则非常重要。

请记住：

- 不要在互联网上发布个人信息或密码
- 如果你在现实生活中不认识某人，不要在互联网上和他们交朋友
- 永远不要和你在互联网上认识的人见面
- 在互联网上发布图片或文字之前，请认真思考
- 如果你在互联网上看到一些让你感到不舒服、不安全或担忧的东西，请离开此网站，关闭电脑并立即告诉一个值得信赖的成年人

如果互联网上或现实生活中有人要求你打破这些规则，请告诉一个值得信赖的成年人。

保证睡眠充足

当你睡觉时，你的大脑和身体可以休息、发育，并为新的一天做好准备。如果你难以入睡，试试下面的这些技巧。

- 舒服地躺在床上，不要分心
- 倾听自己的呼吸声
- 深吸一口气，默数三个数，然后再默数三个数，缓缓吐出这口气
- 现在让你的呼吸变长——吸气四次，呼气四次
- 不断地数你的呼吸次数，直到睡着

睡个好觉意味着第二天你会感到更快乐、更轻松、更自信。

活动：现在是游戏时间

能同时放松、学习和娱乐的最佳方式就是玩游戏。玩游戏可不仅是小孩子的专利。随着年龄的增长，我们的游戏方式也会发生变化，但这仍然非常重要——即使对成年人来说也是如此！

如果你陷入了玩耍的困境，可以做一个特殊的骰子，让它来帮你做出决定。你需要准备：

- 骰子
- 纯白色贴纸
- 钢笔或铅笔

切割贴纸，使其大小适合骰子的每一面。在每张贴纸上，写下你喜欢玩的一样东西。

在骰子的每一面贴上一张贴纸。

每当你感到无聊或无法决定玩什么时，就掷骰子。

下面是一些游戏的例子。

- 拼图游戏
- 建筑玩具
- 泰迪熊或洋娃娃
- 垃圾车模型
- 涂鸦上色
- 装扮游戏

My body
is precious

我的身体
是珍贵的

第五章　照顾好自己

吃得健康

当你饮食均衡，喝大量的水，你的身体会感觉良好，你的思想也会感觉良好！

你的身体需要什么才能保持健康？

淀粉类食物，如面包和面条，给你能量。

鸡蛋、豆类和鱼类等蛋白质有助于修复自身。

脂肪，如黄油、奶酪和油，为身体储存能量。

富含纤维的食物，如水果和蔬菜，有助于消化。

水有助于抵抗疾病、保持凉爽和消化食物。

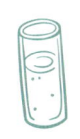

偶尔加上一些零食，让你精力充沛，尽情享受。

勇敢一点
克服害羞的儿童指南

活动：设计健康食谱

利用上一页关于健康饮食的事实，你能用这个页面画出一顿你想吃的健康美味的饭菜吗？

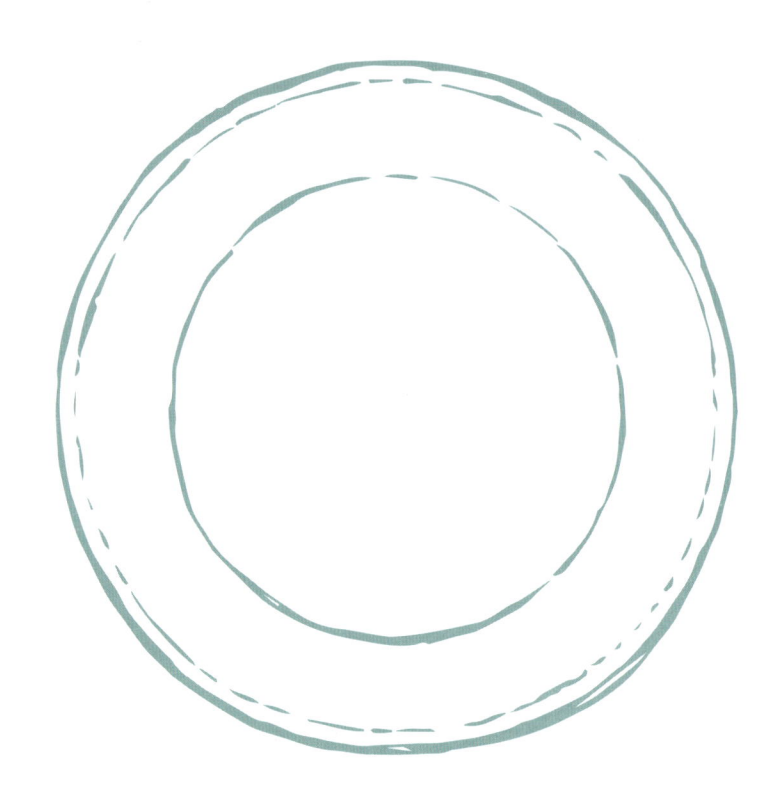

好好锻炼

锻炼对保持身体健康非常重要,但你知道它对你的大脑也有好处吗?

以下是一些原因。

达到游泳 50 米这样的目标会给人一种成就感

练习打乒乓球这项技能可以建立自尊心和自信心

上气不接下气有助于放松和平静

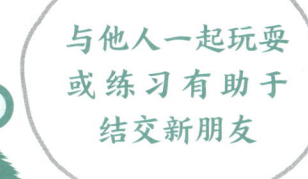

与他人一起玩耍或练习有助于结交新朋友

活动：舞动你的语言

跳舞是增强信心、摆脱焦虑情绪和娱乐的好方法。

这里有一个有趣的舞蹈游戏，你可以和家人或朋友一起玩！

设置 1 分钟计时器。播放一些音乐，用你的身体来拼写一个你想到的英文单词。随着音乐及时移动身体，每次用你的身体组成一个字母。其他玩家必须在计时器停止之前猜出单词。

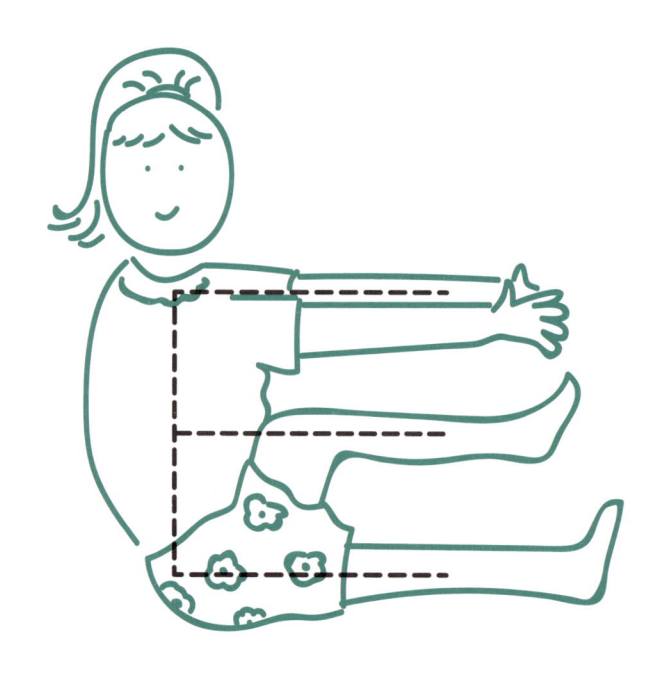

I am kind to myself

爱自己

我很棒！

活动：你的空间

你的卧室是个重要的地方。这是你从白天的活动中放松下来睡觉的地方。当你有足够的睡眠时，就更容易变得勇敢。

你能在这里画出你的卧室吗？

第五章 照顾好自己

你曾经觉得很难入睡吗?什么想法或感觉让你难以入睡?

_____

_____

_____

_____

这里有一些做法可以尝试——它们可能会让你更容易入睡。

☀盖上一条舒适的毯子

☀睡前与大人交谈并拥抱

☀在日记中写下你的想法和感受

☀洗个热水澡

☀确保每天晚上在同一时间上床睡觉

☀看书

让自己远离电子屏幕

使用计算机、平板电脑、手机或看电视都很有趣,互联网可以帮助我们做很多有趣和有用的事情。

但电子屏幕也会让我们感到更焦虑、更害羞,甚至更消极——换言之,它可能是勇敢的阻碍者!所以,平衡使用电子屏幕的时间和远离电子屏幕的时间就显得很重要。

当你不看电子屏幕时,你喜欢做什么?

_____

_____

_____

_____

_____

你想过尝试这些事情吗?

搭积木　　做折纸手工　　写一个故事

写一首诗　　到户外去

第五章　照顾好自己

重新布置卧室　　　　写一封信

　　　　制作时间胶囊
尝试新食谱

　　　　　　写下你的人生故事

　　学习纸牌技巧

　　　　　　　　阅读杂志

学会下棋

玩橡皮泥

　　　　　　　　设计寻宝游戏

在蹦床上弹跳

第六章　自我激励

你快读完这本书啦！

是时候回顾一下，并思考如何利用所学知识来培养和传播勇气了。

我很棒！

活动：我学到了什么？

你已经读到本书的最后一部分啦！我的超级明星！让我们回顾一下你学到的东西。

害羞中蕴含着力量。
你最爱自己身上的哪一点？

你很了不起！
你有什么了不起的地方？

有很多方法可以培养你的勇气。
是什么造就了你的勇敢？

你可以做困难的事情。
你接下来要做什么困难的事情？

你越是能照顾好自己，你就越勇敢。
你是如何照顾自己的？

活动：制订行动计划

在这本书中，我们思考了很多当害羞占据主导地位，勇气真的很难找到时的感觉，也提出了很多想法。哪些想法最适用于你？让我们制订一个行动计划，帮助你感到平静、安全和勇敢。

当我觉得_____，

我可以和_____交谈。

我可以写下、说出或想起一些关键词，如_____

_____

_____。

我可以通过做_____

_____来让自己感觉好一些。

我可以对其他人说_____

_____

_____。

活动：写日记

你几乎已经读到了这本书的结尾，但这并不意味着你必须停止思考、停止写你自己的经历。

为什么不用日记本或笔记本开始写日记呢？一个很好的开始技巧是每天晚上睡觉前写一篇文章。想想当天的一件平常的事，一件棘手的事，一件好事。

在这里试试！

今天有件好事：

_____

_____

今天有件很棘手的事：

_____

_____

今天有件平常的事：

_____

_____

勇敢一点
克服害羞的儿童指南

活动：传播勇气

既然你已经学到了这么多关于勇敢的知识，为什么不制作一张海报来帮助其他孩子感到足够勇敢，做自己，做困难的事情呢？

首先，想想你的海报有什么内容或图片要表达什么意思。也许这可能是你在这本书中学到的一些你以前没有意识到的东西，或者一些帮助你感到勇敢的词语。

你可以使用图画、照片、杂志上的图片、拼贴画或酷炫的字体。

在此简述一些想法。

下一页有足够的空间来设计你的海报！

勇敢一点
克服害羞的儿童指南

剪海报时要小心!
要把它贴在哪里?

My feelings matter

我的感觉很重要

结　语

杰姆现在知道如何增强勇气。你呢？

你可以随时回看这本书——无论是为了增强自己的勇气，还是帮助朋友更好地理解勇气。你真的很努力，应该为自己感到骄傲。

别忘了：做自己，任何时候你都能勇敢！

I am brave

我很勇敢

写给父母和看护人：如何帮助孩子增强勇气

真正的勇敢与书籍和电影中所表现的都不同。在现实生活中，勇敢可能意味着对你觉得必须做但确实不想做的事说"不"……或对可能会给他人带来不便的事说"是"。这可能意味着在工作会议上发言或在陷入困境时说声"对不起"。孩子也是如此：班里最勇敢的孩子往往是比赛中的最后一名或说话时声音颤抖的孩子。

帮助孩子增强勇气的最佳方法是耐心地对待他们。消除害羞和焦虑的感觉，鼓励孩子"从难入手"，这可能会让人觉得很有诱惑力，但可悲的是，虽然这可能会在短期内改变他们的行为，但并不能从根本上解决他们的情绪问题。

当孩子感到周围的大人理解他们时，他们会觉得自己更有能力独立出击，运用自己的声音，变得更勇敢。让你的孩子知道，他们可以慢慢来，只要他们需要你，你就会一直陪在他们身边。当孩子听到这句话时，将有助于他们放松，减轻压力，更好地成长，因为他们知道，即使出了问题，你也会很友善、很理解。

做一个善良、有同情心的倾听者，帮助孩子在情感上变得坚强和有韧性。随着孩子的成长，他们会明白，无论怎样

写给父母和看护人：如何帮助孩子增强勇气

你都会一直站在他们身边，他们会很有安全感。我希望这本书对你和你的孩子有所帮助。很难再看到他们因为害羞而错过或退缩了，了解他们的感受并引导他们走向增强勇气和提升自信的道路，你正在做一项伟大的工作。

祝你一切顺利——能有你和他们站在一起，你的孩子很幸运！

推荐阅读书目

儿童阅读书目：

What to Do When You Feel Too Shy by Claire A. B. Freeland and Jacqueline B. Toner

Magination Press, 2016

Social Skills Activities for Kids by Natasha Daniels

Rockridge Press, 2019

Happy, Healthy Minds by The School of Life

The School of Life Press, 2020

家长阅读书目：

Daring Greatly by Brené Brown

Penguin, 2015

The Book You Wish Your Parents Had Read by Philippa Perry

Penguin, 2019

勇敢的你

You Can Do Amazing Things

你会做得很棒的

应对变化和挑战的儿童指南

[英] 波皮·奥尼尔（Poppy O'Neill）/ 著

吴奇 / 译

中国科学技术出版社
·北京·

图书在版编目（CIP）数据

你会做得很棒的：应对变化和挑战的儿童指南 /（英）波皮·奥尼尔（Poppy O'Neill）著；吴奇译 . -- 北京：中国科学技术出版社，2024.1

（勇敢的你）

书名原文：YOU CAN DO AMAZING THINGS

ISBN 978-7-5236-0338-3

Ⅰ.①你… Ⅱ.①波… ②吴… Ⅲ.①儿童 – 心理健康 – 健康教育 Ⅳ.① B844.1

中国国家版本馆 CIP 数据核字（2023）第 220091 号

前　言

多年来，我一直在公共和私营部门为儿童提供心理治疗，并养育了两个女儿。我很清楚，这本富有洞察力的书是当今社会所急需的。它为儿童和年轻人应对变化提供了帮助，让他们变得更有自我意识和韧性，这也是贯穿其一生的心理健康和幸福的重要组成部分。

波皮·奥尼尔在书中提供了许多有用且有效的治疗技巧和练习，借鉴了认知和行为科学、创造性艺术以及正念实践的经验。文风简单、有趣，对孩子来说很有吸引力。孩子可以独立使用这本书，也可以在父母、老师或看护人的指导和帮助下使用这本书。此书鼓励积极思考，为培育更好的情感素养铺平了道路，并强调善待自己和他人的重要性。通过阅读这本书，孩子将更加关注自己和他们生活中所拥有的东西。他们将学习如何以更积极的方式思考，以及那些帮助他们在变化和挑战面前变得更加平静的技巧。

我强烈推荐这本书，它引导孩子应对变化，培养他们的韧性和情商，并让孩子更有意识地去改变影响他们自信心的那些思维模式。

英国咨询和心理治疗协会注册咨询师和心理治疗师
阿曼达·阿什曼－温布斯（Amanda Ashman-Wymbs）

引言：父母指南

《你会做得很棒的》是一本关于培养儿童韧性的实用指南。本书使用儿童心理学家开发的治疗技术，帮助孩子培养韧性，应对变化，并用更积极的方式看待自己。

韧性是指在遇到困难后能够复原的能力。随着孩子的成长，他们会遇到各种挑战，其中一些挑战会打击他们的信心，使他们很难从中恢复过来。

我们都在时不时地与变化作斗争——即使是积极的变化也让人难以应对——你的孩子可能看起来比同龄的孩子更敏感，需要更多安慰。有时，无论你如何支持他们渡过难关，他们都需要用比你预期的更长的时间来适应新事物。事实上，韧性并不是为了克服情绪上的挣扎，而是孩子应对复杂情绪的某种能力。

这本书针对的是 7~11 岁的儿童。这个年龄段发生了很多变化：学校教育变得更加严格，友谊也会变得更加复杂，青春期早期还意味着他们的身体会发生变化。面对所有这些新的经历，一些孩子会不知所措。如果这听起来像你的孩子，那么你并不孤单。在你的支持和理解下，他们会增强韧性、敢于挑战、接受变化，成长为一个积极且充满活力的年轻人。

韧性低的表现

以下这些迹象是韧性低的儿童的典型表现。

- **睡眠困难**

- **难以接受改变或分歧**

- **纠结于各种问题**

- **隐藏自己的情绪**

- **犯错时会变得特别紧张**

如果你的孩子有以上这些表现，不要惊慌。要记住，首先要对孩子的情绪体验表现出兴趣，这是你迈出的既困难又非常积极的一步。如果你不确定该做什么或不知如何帮助孩子，那也没关系。韧性是一种终身的习惯，而不是可以很快修复或实现的东西——这也意味着，任何时候开始都不会太晚。

开始吧

韧性对每个人来说都是独一无二的，包括你的孩子，所以很难用具体的术语来描述它。讨论情绪和情绪韧性的最好方法是，简单地询问他们的一天，看看对话的进展。试着这么问：

- **今天有什么好笑的事？**

- **今天有什么烦人的事？**

如果你觉得有什么事情困扰着孩子（上面的第二个问题有助于提示），多去温和地询问那些困扰他们的问题。为了培养他们的韧性，你要让他们知道，他们的感受是可以被接受和被理解的。因此，当他们谈论那些让他们感到悲伤、愤怒或担忧的事情时，感同身受真的很重要。

帮助孩子找到解决问题的方法，安慰他们不必担心，以此来尽量减少他们的担忧。尽管这是帮助孩子渡过困难情绪的明智的方法，但这种方法也可能意味着孩子在谈论自己的感受时会难以开口。所以，缓一缓也是可以的，不要急于去解决问题。

你要做的是倾听，向他们表明你能理解他们。你可以用"听起来真的很可怕/令人沮丧/很难"这样的话语，让他们知道，他们的感受得到了理解，而且是合情合理的。

当事情没有按计划进行时，我们也相信自己能做好，那我们的韧性就会增强。让你的孩子知道，无论发生什么，你都爱他们，他们可以做那些困难的（和很棒的）事情。

如何使用本书：写给父母和看护人

这本书是写给你的孩子的，所以你的参与程度取决于他们。一些孩子可能很乐意自己阅读，而另一些孩子可能想要或需要一些指导和鼓励。

这些活动旨在让孩子去思考他们自身以及他们的思维方式——让他们知道可以寻求帮助，也可以按照自己的节奏去做。培养韧性就是信任自己的能力，让自己做决定。

希望这本书能对你和你的孩子有所帮助，让你们更好地了解韧性是如何发挥作用的，以及如何培养韧性。如果你对孩子的心理健康有任何严重的担忧，那么咨询医生仍然是最好的选择。

如何使用本书：儿童指南

当变化来临时，你会有什么感觉？这可能是个大事件，如搬家或只是临睡前改变就寝习惯。如果变化让你感到担忧、恐慌或不安，和很多人一样，你并不孤单。或大或小的变化都具有挑战性，这再正常不过了。

然而，有时候，对变化感到担忧可能会妨碍你做自己和享受乐趣。以下是一些可能会出现在你身上的现象。

- 害怕尝试新鲜事物，担心出问题
- 不好的事情发生后，很长一段时间内你都会感到担忧或愤怒
- 犯错时感觉特别糟糕
- 对别人隐瞒自己的感受

如果这听起来像你，你不是唯一的！很多孩子都有这种感觉——他们只是用不同的方式表现出来。这本书旨在帮助你增强韧性，使你更加适应不同的情绪，并能平静地面对变化。

这本书中有很多活动和想法可以帮助你了解韧性以及各种思想和情绪。你可以按照自己的节奏阅读，也可以随时向你的长辈寻求帮助——也许有些事你想和他们聊聊。这本书是写给你的，书中的活动也是关于你的，你说了算！

怪物奇哥简介

你好，我是奇哥！很高兴见到你。由我指导你读完这本书。这里有很多有趣的活动和有趣的想法——我迫不及待想开始啦！你准备好了吗？那我们开始吧！

Contents 目录

- 1 / 第一章 韧性和我
- 2 / 什么是韧性？
- 3 / 活动：关于我的一切
- 5 / 活动：我名字的藏头诗
- 6 / 韧性的表现
- 8 / 应对变化的小测验
- 10 / 同龄孩子会有哪些挑战？
- 11 / 我的挑战是什么？
- 13 / 活动：我有韧性的时候

- 15 / 第二章 增强韧性和削弱韧性
- 16 / 活动：深呼吸
- 18 / 活动：是什么削弱了你的韧性？
- 19 / 快速增强韧性法
- 20 / 活动：正念涂色
- 22 / 活动：如果最好的事情发生了呢？
- 25 / 活动：积极肯定句
- 27 / 活动：帮助奇哥变得勇敢
- 29 / 活动：制作一块彩绘鹅卵石
- 31 / 每个人都不一样
- 32 / 活动：谈论感受

33 / 成长型思维
36 / 是什么增强了你的韧性？

39 / 第三章　培养韧性
40 / 韧性来自哪里？
41 / 应对挫折
42 / 感觉就像山丘
44 / 神奇的错误
45 / 想法不是事实
48 / 活动：转变你的想法
50 / 活动：我可以做困难的事情！
52 / 所有感觉都还好
53 / 活动：正念
54 / 活动：慢慢来
57 / 活动：使用感官慢下来
59 / 大声说出来
60 / 活动：我能控制和不能控制的事

63 / 第四章　应对变化
64 / 为什么改变很难？
67 / 什么样的变化是难对付的？
68 / 奇哥的新房子
70 / 活动：某件事发生了改变
73 / 活动：我可以找谁倾诉？

75 / 活动：制作连环画

78 / 活动：寻找彩虹

80 / 好奇心

81 / 活动：写日记

84 / 活动：寻求帮助

86 / 第五章　好好照顾自己

87 / 为什么照顾好自己会让你更有韧性？

88 / 活动：我的就寝时间

90 / 多喝水

91 / 美食

92 / 活动：美味的菠菜香蒜酱

93 / 该放松啦

95 / 活动：你过得怎么样？

98 / 活动：做一些瑜伽伸展运动

100 / 活动：建一所小房子

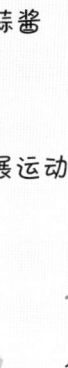

102 / 第六章　放松一下

104 / 活动：发挥创意

106 / 活动：正念行走

108 / 活动：放松地带

110 / 活动：韧性背包

112 / 活动：设计曼陀罗

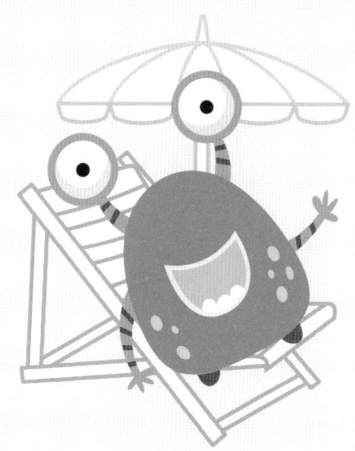

115 / 第七章　光明的未来

116 / 活动：传递韧性

119 / 活动：你期待什么？

121 / 关于韧性的故事

123 / 我的韧性计划

124 /《你会做得很棒的》黄金法则

125 / 结语

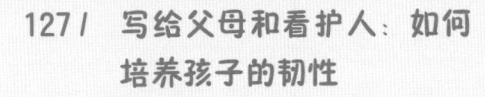

127 / 写给父母和看护人：如何培养孩子的韧性

129 / 推荐阅读书目

# 第一章　韧性和我

在这一章中，我们将了解关于你的一切，以及关于韧性的一切。了解自己是发现自己有多棒的第一步！

什么是韧性?

韧性是指在发生变化或挑战时的应对能力;这意味着,尽管现在事情可能会很困难,但一切都会好起来的。有韧性并不意味着你永远不会感到愤怒、悲伤、担忧或困惑——事实上,有韧性的人也会感受到所有这些情绪。变化和挑战可能是:

- 学校来了新老师
- 搬家
- 犯了一个错误
- 你或你的家人生病了
- 面对恐惧
- 尝试新事物

韧性是可以培养的,经历各种变化和挑战实际上可以增强你的韧性。这是因为,一次艰难的经历可以常常提醒你,尽管当时感觉很糟糕,但之后感觉又好起来了。

当一些具有挑战性的事情发生时——即使是好事,如迎来假期,也会具有挑战性——纠结和挣扎是难免的。重要的是,当你遇到困难时,你对自己好不好:善待自己才是真正的韧性。

第一章　韧性和我

活动：关于我的一切

让我们来了解你的一切！

我的名字叫_____

我_____岁了

我家有_____口人

你会做得很棒的
应对变化和挑战的儿童指南

我很了不起，因为＿＿＿＿＿＿＿＿
＿＿＿＿＿＿＿＿＿＿＿＿＿＿＿＿
＿＿＿＿＿＿＿＿＿＿＿＿＿＿＿＿

我喜欢吃＿＿＿＿＿＿＿＿＿＿＿＿
＿＿＿＿＿＿＿＿＿＿＿＿＿＿＿＿
＿＿＿＿＿＿＿＿＿＿＿＿＿＿＿＿

我最喜欢的颜色是＿＿＿＿＿＿＿

第一章　韧性和我

活动：我名字的藏头诗

你能用你名字中的每个字写一首关于你自己的诗吗？奇哥（ZIG）写了一首：

Zingy
Imaginative
Giggly

这种诗被称为"藏头诗"。现在轮到你了！为你名字中的每个字想出一个描述你自己的词，并在这里写下你的藏头诗。

把你名字中的每个字写在这一页

韧性的表现

每个人都有韧性,但有时很难发现。以下是一些韧性的表现。

- ☀ 你尽力了
- ☀ 你谈论自己的感受
- ☀ 你为自己发声
- ☀ 犯了错你也不放弃
- ☀ 你会慢慢来
- ☀ 你对自己和他人都很好

I am always doing my best

我一直在做最好的自己

应对变化的小测验

生活中有很多不同类型的变化，我们必须应对。这个小测验将帮助你看清哪些事情对你来说是有挑战性的。

你的父母对你说夏天要去另一个国家度假。你感觉怎么样？

焦虑——很多事情都可能出错。
兴奋——我喜欢去新的地方。
愤怒——他们为什么不先和我商量一下？

你到朋友家做客，晚餐是一种你从未尝试过的新食物。你感觉怎么样？

恐慌——我很难去尝试新食物，我也不想尝试。
放松——看起来很美味！
尴尬——我尽量表现得礼貌一点。

第一章 韧性和我

你本该昨天洗澡,但是没洗,是因为要和家人一起去看电影,所以现在当爸爸说你得洗澡,但原本你今晚可以不用洗澡,这时你感觉怎么样?

很生气——为什么他不遵守规则?
冷静——我知道我得洗个澡,所以换成今天也没什么大不了的。
沮丧——这部电影很糟糕,而且今晚也不该洗澡。

要去海滩度假,你整周都很兴奋;但当这天到来时,雨却下得很大,你不能去了。你感觉怎么样?

伤心——我真的很期待那次旅行。
没事——不管怎样,我更喜欢待在家里。
心烦意乱——为什么我们不能穿雨衣去呢?

无论你选哪一个选项,你的感觉都是正常的!有韧性的人对变化的反应并无定式,韧性意味着无论发生什么事,无论你的感受如何,你都能善待自己。

同龄孩子会有哪些挑战？

每个人都面临挑战，你无法从一个人的外表看出他在挣扎什么。以下是与你同龄的孩子很难处理的一些事情。

- 友谊
- 去度假
- 搬家
- 来到新学校
- 去看医生
- 被拒绝
- 不得不等待
- 与兄弟姐妹的关系

其中有一些事情对你来说可能很难，而另一些事情可能看起来没什么大不了的。你所面临的挑战可能不在清单上。情绪很复杂，每个人都不一样！

诸如此类的一些大变化是很难应对的。你也不需要仅靠自己来处理这些事情。

第一章　韧性和我

我的挑战是什么？

不同的人会觉得事情的难易程度不同。面对困难，你需要韧性。什么事情会需要你的韧性呢？

把你觉得很难的事情涂成红色，把有点棘手的事情涂成黄色，把容易的事情涂成绿色。当然你也可以添加自己喜欢的颜色！

- 在学校犯了错
- 和一个不认识的成年人交谈
- 和一个不认识的孩子交谈
- 去朋友家
- 轮流做某事
- 自己独自玩
- 与年龄比自己小的孩子交谈
- 与年龄比自己大的孩子交谈
- 遇到新老师

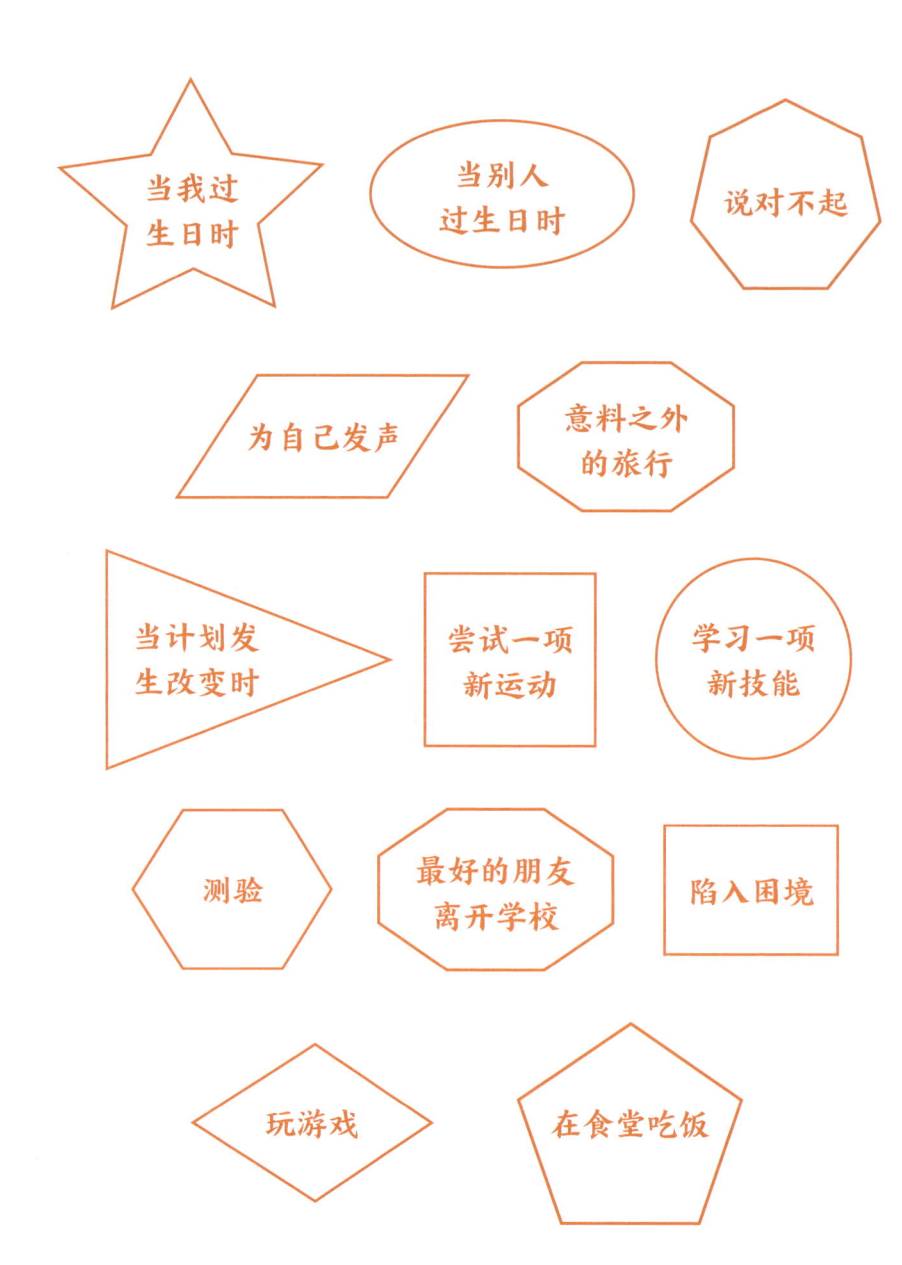

你会做得很棒的
应对变化和挑战的儿童指南

当我过生日时

当别人过生日时

说对不起

为自己发声

意料之外的旅行

当计划发生改变时

尝试一项新运动

学习一项新技能

测验

最好的朋友离开学校

陷入困境

玩游戏

在食堂吃饭

第一章 韧性和我

活动：我有韧性的时候

你能想到你有韧性的时候吗？也许你做了一些具有挑战性的事，如在惹恼朋友后说对不起或在情绪不好时善待自己。

_____

_____

你还记得让自己感到格外勇敢和坚韧的事情吗？

_____

_____

你如何利用你对后一个问题的回答来帮助自己在今天和未来找到韧性？

_____

_____

· 记下那些你表现出韧性的时刻，这是你未来培养韧性的好方法。

I am brave

我很勇敢

第二章　增强韧性和削弱韧性

有时你会觉得自己像个超级英雄——坚强、有韧性,随时准备征服世界!但其他日子可就难了。了解我们何时以及为什么会有这种感觉,将有助于你在需要的时候找到韧性。本章将了解所有会削弱韧性的因素以及增强韧性的方法。

活动：深呼吸

我们整天都在呼吸，根本无须去想。但你知道，集中精力做深呼吸是增强你的信心、勇气和韧性的一种奇妙方式吗？

你甚至可以用自己的手来增强呼吸。从你的拇指根部开始，慢慢地在你的整只手上上下移动你的手指，不断地顺着手指的上下吸气、呼气。

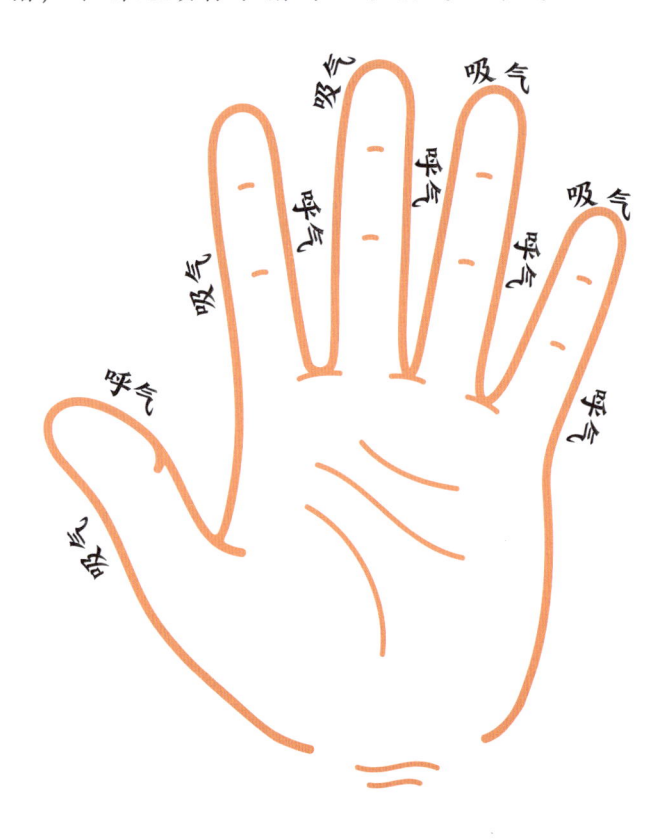

第二章 增强韧性和削弱韧性

用这一页画出自己的手！你能加上"呼气"和"吸气"的说明吗？

专注于呼吸5次就足以让你的身心平静下来，会让你感觉更有韧性。

活动：是什么削弱了你的韧性？

是什么削弱了你的韧性？也许这些事会让你感到害羞、害怕或沮丧，或者让你想蜷缩成一团，逃跑或消失在一股烟雾中。

削弱韧性的可能是一些嘈杂或繁忙的地方，也可能是某些消极的想法，如担心被人嘲笑，或者是别人对你的否定和不理解。还有一些情况也会让我们感到力不从心，如计划变更或遭遇反对。

列出一些会削弱你的韧性的事情。

_____

_____

_____

_____

_____

_____

如果你一直感觉不到韧性，那也没关系——没人知道！在下一章，我们将了解，当上述事情发生时，如何保持韧性。

快速增强韧性法

当你想立即自我感觉良好时,试试这些久经考验的韧性增强法。

- ☀ 谈谈你的感受
- ☀ 站起来四处走动
- ☀ 抱宠物
- ☀ 休息一下
- ☀ 做一些有创意的事
- ☀ 深呼吸
- ☀ 唱歌
- ☀ 双手放在膝盖上

这些技巧有助于情绪变得更自在,不那么严肃,因为这些技巧鼓励你关注自己的身体,而不是思想。

活动：正念涂色

正念就是关注此刻发生的事情，这是增强韧性的一种绝妙方式！当你停止思考已发生的事情，停止担心未来可能发生的事情时，你就可以充分享受正在做的事情。

涂色是一种令人惊叹的正念活动。观察你的钢笔或铅笔是如何用颜色填充页面的，听它们在纸上发出的声音，并体会它们在你手中的感觉。

- 试着不去担心涂不出完美的图画——尽情享受吧！

第二章　增强韧性和削弱韧性

活动：如果最好的事情发生了呢？

当我们面临变化和挑战时，我们经常想象事情会变得非常糟糕。奇哥第一次坐飞机，他正在想象坐飞机可能会是什么样子。

> 我什么都不想吃

> 乘坐飞机将是颠簸的和可怕的

> 太吵了

想想这些事情也是可以的——它们可能会成真。如果成真，奇哥也会没事的。但想想，如果事情进展顺利会怎样？如果……

> 我交上了新朋友

> 飞机座椅真的很舒服

> 我最喜欢的食物被端上来了

第二章　增强韧性和削弱韧性

你会担心将来发生的某些事情吗？首先，在这里写下或画出你的担忧。

现在，试着想象它可能会发展成什么样子。在这里写下或画出你的想法。

即使你仍然感到担忧，想象一个好结果也会让一些积极的想法进入你的脑海，从而增强你的韧性。

I am strong

我很坚强

第二章 增强韧性和削弱韧性

活动：积极肯定句

肯定句是帮助你善待自己的短句，提醒你自己是多么聪明和有韧性。它们是应对变化和挑战的一种非常简单而有用的方法——你需要做的就是对自己说上一句。

不同的人喜欢不同的肯定句。读读这些增强韧性的肯定句，并挑选一些能让你感到平静和坚强的句子。

我能做困难的事情

我对人很友好

我很强壮

这种感觉不会永远持续下去

我可以休息一下

我可以谈谈自己的感受

我的感受很重要

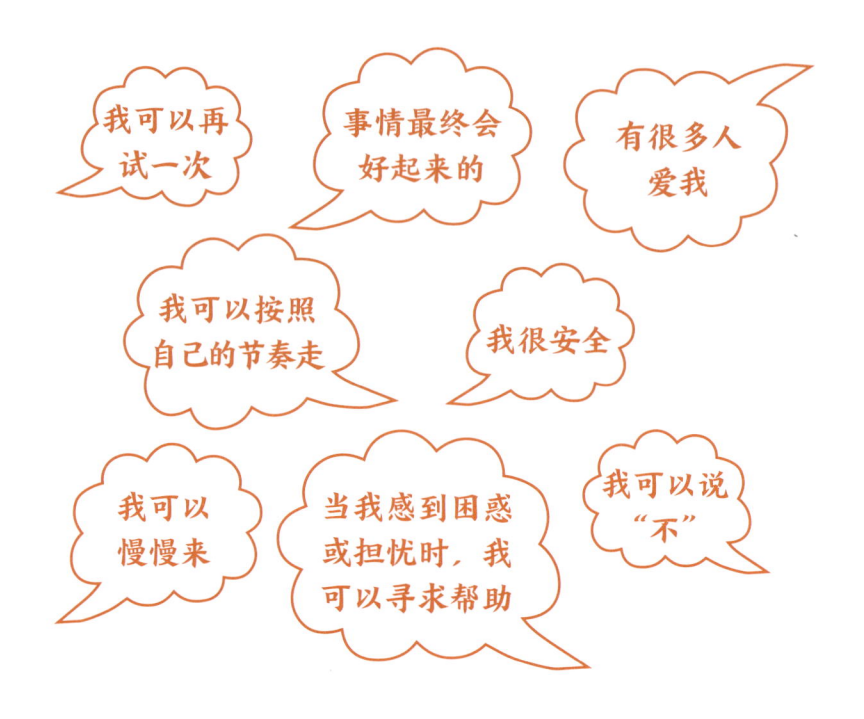

你会做得很棒的
应对变化和挑战的儿童指南

- 我可以再试一次
- 事情最终会好起来的
- 有很多人爱我
- 我可以按照自己的节奏走
- 我很安全
- 我可以慢慢来
- 当我感到困惑或担忧时，我可以寻求帮助
- 我可以说"不"

在这里写下你选择的肯定句。

第二章　增强韧性和削弱韧性

活动：帮助奇哥变得勇敢

一天早上在学校，奇哥突然肚子疼。

午饭后，奇哥的肚子疼得更厉害了。

在阅读时间，奇哥生病了。奇哥班上的每个人都看到了，奇哥不得不回家休息几天。奇哥因为在全班同学面前生病而感到尴尬。

你会做得很棒的
应对变化和挑战的儿童指南

现在奇哥好了,该回学校了。你觉得奇哥对重返校园有什么感觉?

到了上学的时候,什么能帮助奇哥变得勇敢?

如果你在奇哥的班上,你能对奇哥说些什么?

做一些需要勇气的困难事情,如在感到尴尬后回到学校,可以培养韧性。不过,当我们做艰难的事情,周围的人又都很友善和充满热情时,肯定会增强我们的韧性!

活动：制作一块彩绘鹅卵石

富有创造力有助于你应对变化和挑战，这会激励你的大脑以一种轻松、有趣的方式了解世界。各种各样的创造力都有助于增强韧性：写故事、跳舞、唱歌、画画、涂色……任何你能想到的事情！

这里有一个有趣的创意活动，你可以在家里做。

你需要：

- 丙烯颜料
- 画笔
- 鹅卵石

如何做：

1. 用画笔在鹅卵石上画出图片或图案——如果鹅卵石有凸起或纹理，就用它们来激发你的绘画灵感吧！
2. 让颜料变干，把你画的鹅卵石留作自用或把它作为礼物送给你认识的人。你也可以把它放在户外，让陌生人能看到。

My feelings matter

我的感受很重要

第二章　增强韧性和削弱韧性

每个人都不一样

每个人都有不同的优势，也会面临不同的挑战。有时你会感到孤独，尤其是当你似乎是唯一正在与变化作斗争的人时。重要的是要认识到，并不是每个人都会向外表达自己的感受。事实上，要想表明你正在经历艰难时刻，是需要巨大勇气的——这就是为什么很多人把自己的感受藏在心里或只向父母或看护人表达。

关于你"应该"如何看待不同的挑战和变化的信息，每天都会出现在你面前——来自电视、书籍、周围的人、广告和互联网。通常，当变化发生时，孩子们被告知不要担心或"看光明的一面"，但这并没有太大帮助。

可以说，你的感觉就是你的感觉。不是每个人都会有同样的感觉，这也很好——感觉没有对错。真正的韧性既意味着做自己，也意味着要适应别人做他们自己。

你会做得很棒的
应对变化和挑战的儿童指南

活动：谈论感受

有时候很难谈论自己的感受，但谈论确实有用。谈话可以让你摆脱烦恼，当对方是一个好的倾听者时，你会感觉更好，烦恼也会变少。

在你认识的人中，你觉得和谁说话让你感到舒服？你可以在这里选出你喜欢的人。你最喜欢他们的哪些地方？

第二章　增强韧性和削弱韧性

成长型思维

拥有成长型思维意味着,无论发生什么,你都可以学到更多。

想象一下,一株刚长出第一片叶子的植物。

植物可能会想:"我比其他植物矮,我也讨厌下雨!"或者它可能会想:

我一天比一天长大,雨水帮助了我!

你会做得很棒的
应对变化和挑战的儿童指南

　　你就像这株植物，雨滴就像挑战。这些挑战感觉很难或让人不舒服，但每一个都能帮助你学习新东西，让你获得更多成长。当你有成长型思维时，你就会知道，错误、变化及糟糕的日子都是我们可以从中学习的一部分。

第二章 增强韧性和削弱韧性

即使是像下面这样的大植物,仍在长出新叶子。你能给它涂上颜色吗?

我总是在学习和成长

犯错也是学习的一部分

我能挑战学习和成长

我很好奇

是什么增强了你的韧性？

现在我们已经学会了用很多不同的方法来增强韧性，该想想你自己了。是什么让你感到自信、耐心和平静？可能是本书中的一个活动，也可能是你认识的人或别的事情。

第二章 增强韧性和削弱韧性

下次当你想增强韧性的时候,你能有一些新的尝试吗?

I am always learning and changing

我总是在学习和改变

第三章　培养韧性

韧性是可以培养的，就像一棵树可以长大，你可以通过善待自己和做勇敢的事来做到这一点。韧性将帮助你应对生活中的变化和挑战。本章将探讨如何增强你的韧性，帮助你感到平静并获得掌控感。

韧性来自哪里？

韧性来自记住那些你害怕但进展顺利的时刻，也来自在可怕的事情面前表现得勇敢。

想象一下，你第一次看到雷雨风暴的时候，一定觉得很可怕，因为雷声滚滚，你不知道会发生什么。也许你以为天要塌下来了！现在你长大了，可能见过很多雷雨风暴，你知道，尽管在雷雨风暴发生时仍然会感到害怕，但你会没事的。这就是来自记忆的韧性。

韧性也来自善待自己和表达自己的感受——看看第五章和第六章，了解如何做到这一点。当一些可怕的或令人不安的事情发生时，如去一所新学校、和朋友道别，你会很自然地产生很多情绪。你可能会同时感到悲伤、愤怒、担忧和兴奋。韧性是指你的内心有空间容纳所有的感受，并且你知道这些感受不会永远持续下去。所以，你对自己的心越友善，你就越有韧性。

第三章　培养韧性

应对挫折

有时，事情并未按照我们的计划进行。也许是你没有得到你想要的生日礼物，或者是你的表弟而不是你赢得了棋盘游戏。当这些事情发生时，这会令你感觉到很失望。失望是一种很难处理的情绪——需要韧性才能从挫折中恢复过来。

当你感到失望时，就像任何其他情绪一样，你可以使用某种增强韧性的方式。谈谈你的感受，移动你的身体，做一个呼吸练习或向你的长辈寻求一个拥抱。你不需要隐藏自己的感受，韧性就是以一种冷静、平静和可控的方式将它们表达出来。

感觉就像山丘

当你的内心开始产生一种强烈的感觉时,你会感到非常惊慌。强烈的情绪通常以山丘的形状出现,就像这样:

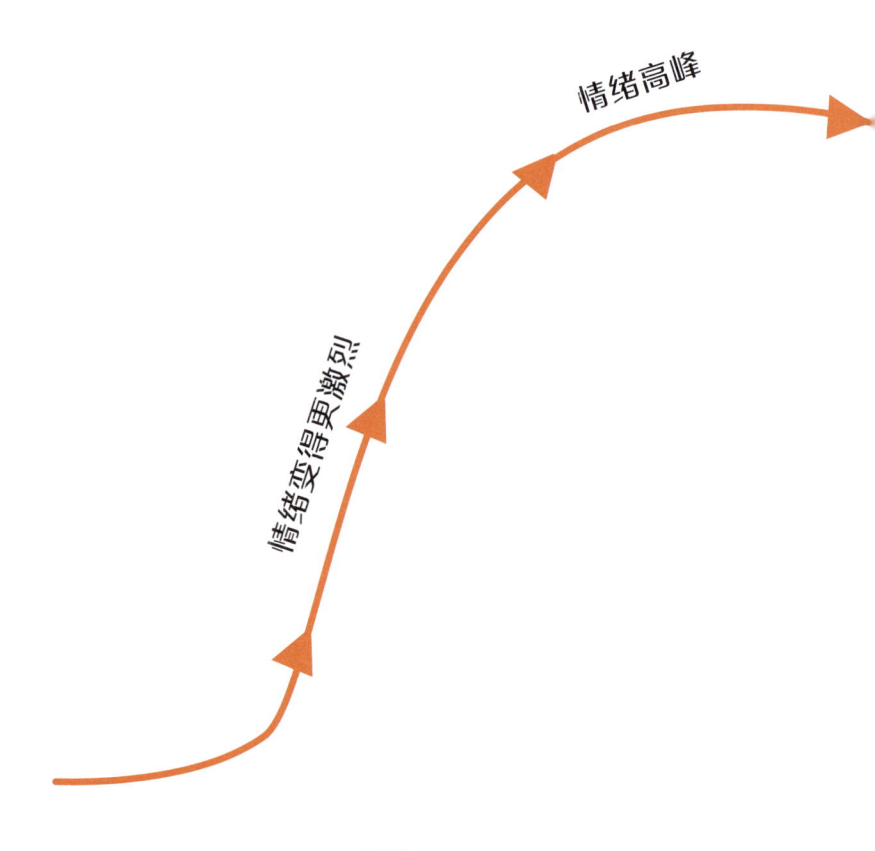

情绪高峰

情绪变得更激烈

第三章 培养韧性

　　当你感到一种强烈情绪，如焦虑时，想象一下这个画面。山顶是你感到非常焦虑的地方——也许你的心跳加快了，你感到非常恐慌。当你有这种感觉时，请记住，这种情绪即将变得更平和、更平静。只需继续呼吸，直到你再次感觉一切尽在掌控之中。

　　当每次这样做时，你都非常勇敢，这增强了你的韧性。

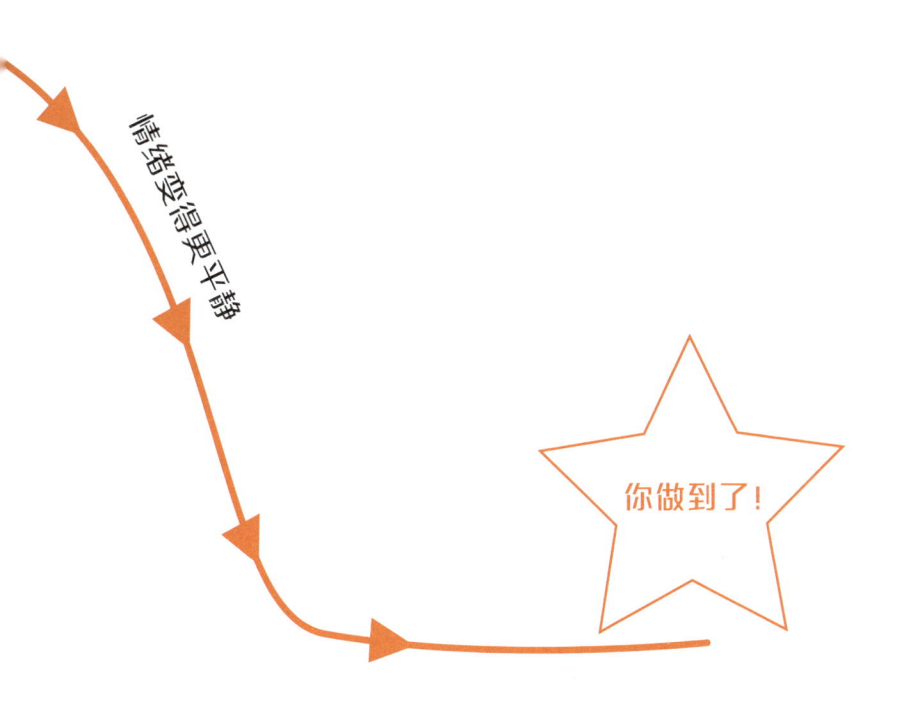

情绪变得更平静

你做到了！

神奇的错误

错误是韧性的主要成分之一。培养韧性有助于你在犯错后继续尝试，而犯错则有助于培养韧性！你可能认为零失误是件好事，但你错了。

第一次就把事情做到完美并不是人类学习的方式。

想想那些你已经掌握并能迅速做对的事情，你甚至想都不用去想就能做，如走路、说话或吃东西。这些都是你小时候必须学习的技能。每个人——你，你的老师——在学会把食物吞进肚子之前，都会把食物弄到下巴上。

做数学题也是如此，骑自行车，学会一首歌的歌词——任何你想学的东西，都必定要错几次才能掌握。

错误之所以如此神奇，是因为，相对于正确，我们更记得住我们的错误。因为犯错会让我们有尴尬或愤怒等情绪，所以大脑会更清楚地记住它们，这样我们就不太可能重复犯错。因此，犯错并为此产生情绪并不意味着你做错了什么——这是大脑帮助你更快学习的方式。

第三章 培养韧性

想法不是事实

我们的各种想法会使我们很难善待自己的感情并培养韧性。我们的大脑喜欢编故事，试图预测未来，但事实是，想法不是事实。

无益的想法会削弱你的韧性，让你自我感觉不好，对周围的世界感到恐惧。

处理无益想法的一种方法是像侦探一样，对其进行质疑。这将帮助你弄清楚这个想法是否值得留在你的脑海中。

- 我对自己公平吗
- 这样想对我有帮助吗
- 这可能是真的吗
- 这是基于事实吗
- 我能想出一个事实来证明它错了吗
- 这么说好吗

奇哥有一个想法，这让奇哥感觉很糟糕！你能帮奇哥质疑这个想法吗？

你会做得很棒的
应对变化和挑战的儿童指南

我总是失败

还有一些无益的想法：

没有人喜欢我　　　坏事总发生　　　我将永远
　　　　　　　　　在我身上　　　感到悲伤

　　我总是犯错　　如果事情不完美，
　　　　　　　　　我就是坏人

I like myself

我喜欢我自己

活动：转变你的想法

如果你陷入了一种无益的、削弱韧性的想法之中，那么总有一种增强韧性的方式来重新看待它——你只需要找到这种方式！改变你的思维方式一开始可能会感觉怪怪的，但你练习得越多，就会变得越容易。积极思考是培养韧性的好方法。

将无益的想法转化为积极的想法的秘诀是善意！以下是具体的做法。

无益的想法：

我总是失败

添加一些有益的想法：

我可以尽力去做

第三章 培养韧性

当你把想法转化为更友善的想法时,你可以相信自己,尽你所能,继续前进。善意有助于你增强韧性。

现在轮到你了——你能想到一个无益的想法吗?也许是你曾经历过的,或者是你有时会想起的。写在这里。

你能把它变成一个有益的想法吗?

现在,当无益的想法突然出现在你的脑海中时,你可以想想(或大声说出来)更有益的想法。

你会做得很棒的
应对变化和挑战的儿童指南

活动：我可以做困难的事情！

当你相信自己能够应对变化和挑战时，你的韧性就会增强。你能想到某些很难处理的事情吗？也许是你期待的某次旅行被取消了，也许是你家又添了一个孩子。在这里写下来。

当你想到这些时，你有什么感觉？圈出对你来说正确的感觉。

愤怒　　　害怕　　焦急　　　想逃离
想藏起来　　尴尬　　累了　　　僵在原地

如果这些都不太正确，你可以写出自己的感受。

第三章　培养韧性

你的身体感觉如何？你可以使用词语、图案、颜色和符号——选择最适合你的——在图上表达你的感受。

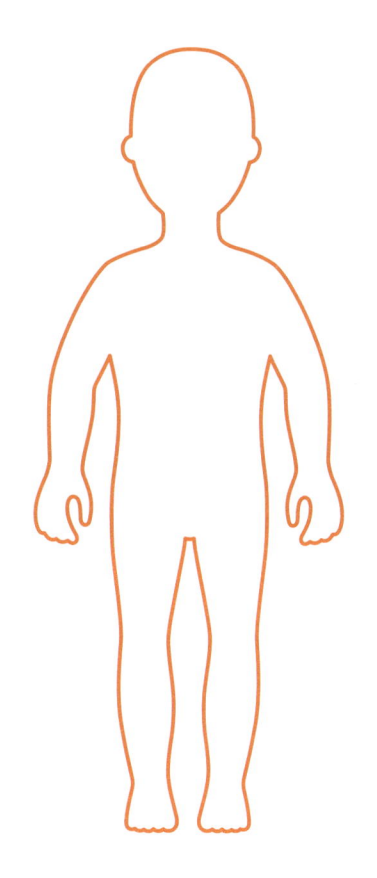

培养韧性是一项艰巨的工作，你已经做得很棒了。接下来，你会发现一些有用的工具，它们可以帮助你处理那些棘手的事情。

所有感觉都还好

每个人都有情绪,但大多数人并不总是向外表现出来,所以如果你感觉到一种很困难、很强烈的情绪,你会以为自己是唯一这么感觉的。

你要记住,所有的情绪都还好,没有一种情绪会伤害你或阻止你做困难的事情,记住这些,你就破解了在任何情况下保持韧性的秘密。

如果你感到恐惧,没关系——你可以寻求帮助和安慰,感受恐惧的同时,你也可以勇敢。

如果你感到悲伤,没关系——你可以哭,寻求拥抱,感受悲伤的同时,你也可以勇敢。

如果你感到愤怒,没关系——你可以活动身体,谈论你的感受,在愤怒的同时,你也可以勇敢。

活动：正念

正念意味着觉察。当我们练习正念时，会把所有的注意力都集中在当下。当事情很棘手，你遇到困难时，你可以用正念来帮助你的身心获得平静。

方法如下：

- 停止你正在做的事情
- 一只手放在你的心脏部位，另一只手放在你的肚子上
- 深呼吸，感觉自己的肚子鼓起来
- 对自己说——无声地或大声地——"我感觉到了_____。"
- 再深呼吸一次
- 默默地或大声地对自己说："我很安全。感觉到_____真好。"

活动：慢慢来

放慢速度，按照自己的节奏做事是培养韧性的关键之一。当你还没准备好时，就不要急于去做让自己感到不舒服的事情，你要学会相信自己并有自信。

奇哥去了一所新学校，但还没有准备好加入任何课后社团。没问题！奇哥想先安顿下来，然后再尝试参加某个社团。这样也没问题，有助于奇哥在新学校感到放松和自在。即使其他学生参加课后社团，奇哥也可以做出不同的选择。

第三章 培养韧性

思考一下未来会发生的变化或挑战。哪些是你感觉良好的?哪些是你想慢慢来的?哪些是你觉得不好的?

现在感觉还好吗?

_____

_____

_____

_____

下面的事我想慢慢来。

_____

_____

_____

_____

我现在不满意的地方:

_____

_____

_____

_____

I can go at my own pace

我可以按照自己的节奏走

活动：使用感官慢下来

当我们感到愤怒和恐惧等强烈情绪时，似乎很难做到慢慢来，因为这些情绪会让我们感到恐慌，我们需要立即采取行动。

调整感官可以帮助你慢下来，让你的身心平静下来。

方法如下：

分别写下一件你能用手、眼、耳、鼻、舌感觉到的事情。

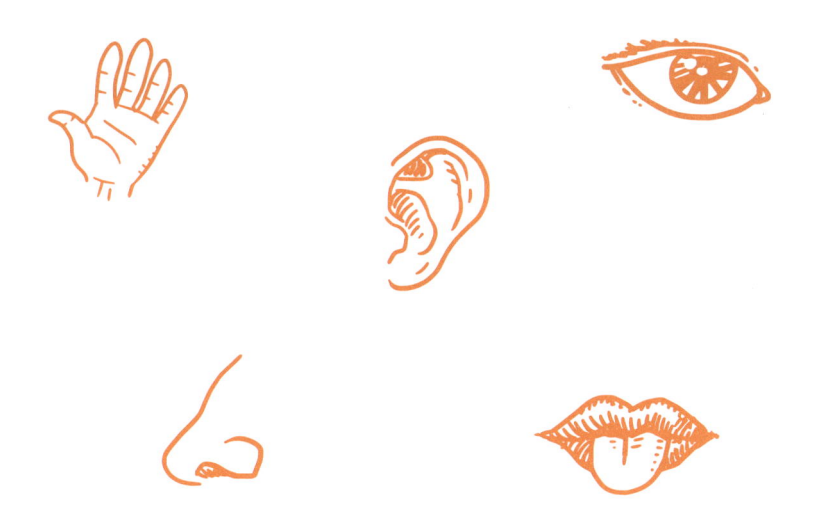

你可以不断思考这五件事，直到你感到平静。

现在就试试！写下来或画出来……
我能看到的：

我能听到的：

我能摸到的：

我能闻到的：

我能尝到的：

第三章　培养韧性

大声说出来

因为你的韧性在增强，能做那些困难和令人惊叹的事情，但这并不意味着你不应该在困难时大声说出来。记住，韧性就是善待自己，就是好好照顾自己！

当你大声说出来时，担心别人的反应会大大削弱你的韧性。事实上，你无法控制别人的情绪或行为。只要你说的是实话，你就在做正确的事情。

我有发言权

活动：我能控制和不能控制的事

如果你能控制天气、时间或学校的规定，那不是很神奇吗？你可以使用这样的魔法做很多有趣的事。控制某些重大的事情也许是一项相当艰巨的工作。在现实生活中，你可以控制：

你的行为

你的言语

这对你的韧性来说是个好消息。人们很容易对无法控制的事情感到担忧、愤怒或害怕，尤其是正在经历困难时期或重大变化时。但请记住，你唯一能控制的就是你的言行。记住这一点会让你感觉更坚强、更平静，因为这意味着你可以让大脑从胡思乱想中解脱出来。

第三章 培养韧性

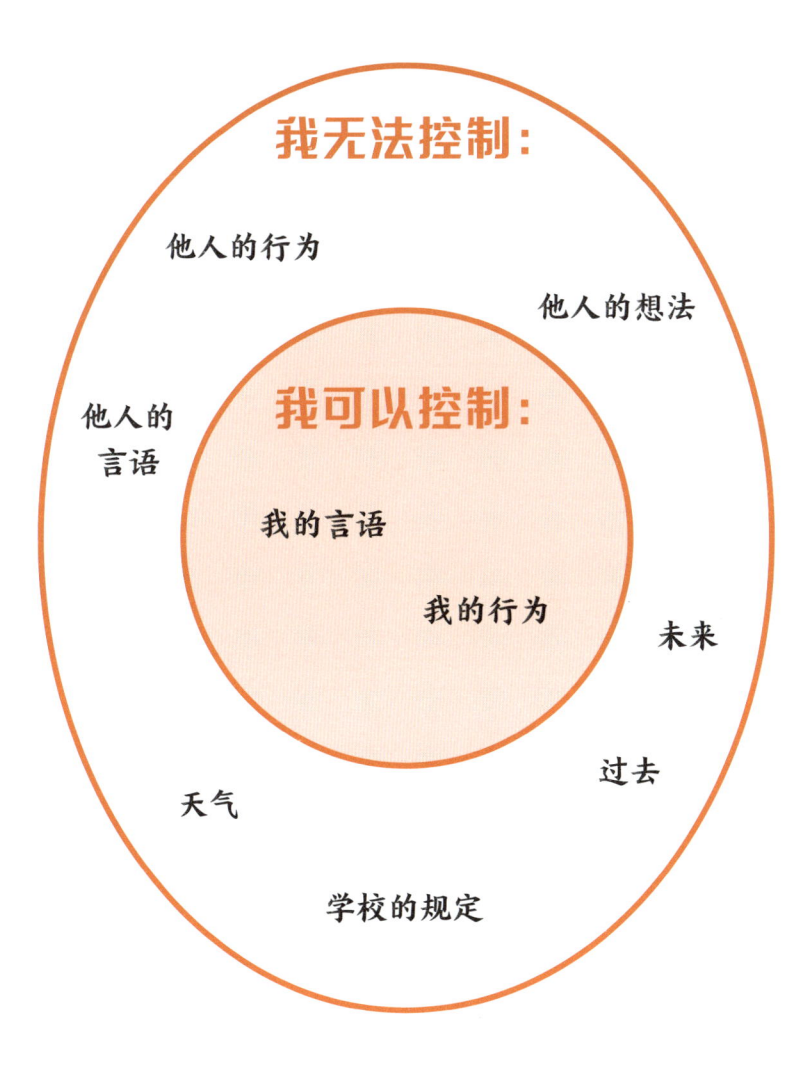

我无法控制：

他人的行为

他人的想法

他人的言语

我可以控制：

我的言语

我的行为

未来

过去

天气

学校的规定

I can take a deep breath

我可以深呼吸

第四章　应对变化

变化来临时，我们最需要韧性。当你的生活中有一些新事物需要去习惯时，各种各样的感觉都可能出现，这可能是一个令人感到困惑的时刻。本章将了解为什么改变如此困难以及该如何应对。

为什么改变很难?

我们的大脑喜欢确切地知道会发生什么,任何微小的变化都意味着大脑不能100%确定接下来会发生什么——信息总存在缺口,而信息中的缺口是大脑最不喜欢的东西。大大小小的变化都会让人觉得很难接受,因为它们会在我们的大脑中敲响警钟。

一个小的关于变化的例子是早上起床。躺在床上,既舒适又温暖,你刚刚睡了个好觉。现在你的闹钟告诉你该起床去上学了。你的大脑会说:"不,谢谢。如果我起了床,我就不会这么舒服了。我将不得不去做一些无聊的事情,比如刷牙,我也不确定今天是否会一切顺利。我想待在床上,待在温暖和熟悉的地方。"

第四章 应对变化

　　另一个例子是从一个游戏换到另一个游戏。即使这两个游戏都很有趣，你的大脑和身体也需要能量才能转换到一个新游戏中。

　　更大的变化——如去一所新学校——也是如此。但因为它们对你的生活影响更大，所以你会感觉更难。你的大脑在信息上有各种各样的缺口——你会坐在谁旁边？午饭是几点开始？爸爸知道放学后在哪里接你吗？

I can challenge myself

我能挑战自我

第四章 应对变化

什么样的变化是难对付的?

你会做得很棒的!你与同龄的孩子们一起勇敢而坚韧地面对生活中的各种变化——以下是你可能要去应对的一些事情。

- ☀ 计划取消
- ☀ 来到新学校
- ☀ 新的兄弟姐妹
- ☀ 父母离婚
- ☀ 失去亲人
- ☀ 影响日常生活的新闻报道
- ☀ 改变规则
- ☀ 改变日常生活

你可能不得不去应对这份清单上的一些变化,或者可能有一些你觉得很难的事情并没有出现在清单上。如果你想添加,你可以在这里写下来。

_____

_____

_____

奇哥的新房子

奇哥正在搬家，一切正在改变！这也就是说，奇哥的家离学校更远了，他的家人每天早上都需要开车送他去学校。这里有了一条新街道，一间新卧室，一个放玩具的新壁柜，一个新浴缸……

奇哥喜欢以前的家的样子，他发现自己很难应对所有这些变化。

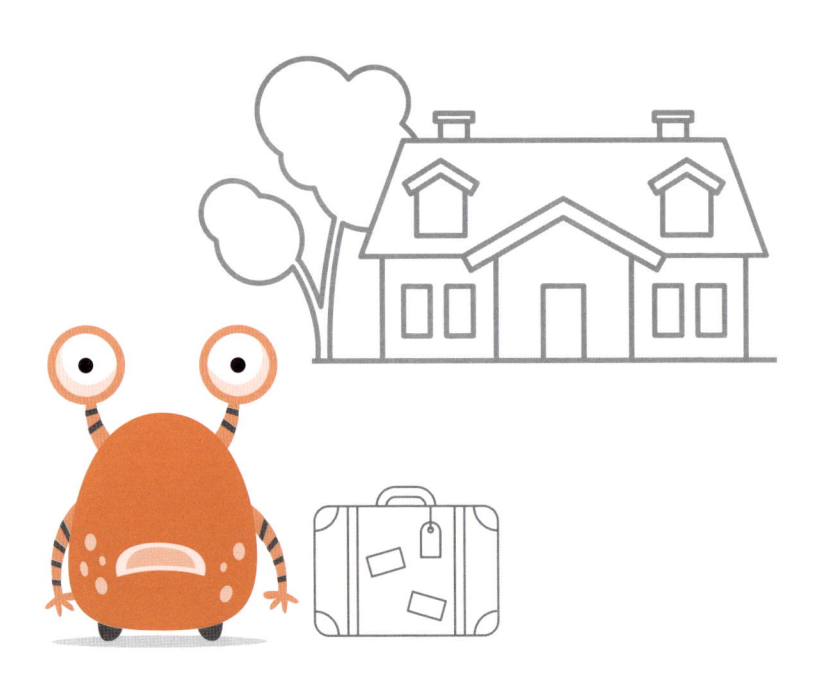

第四章 应对变化

奇哥的看护人理解奇哥的困境。以下是他们为了让奇哥感觉良好所做的一些事情。

- 听奇哥谈论感受
- 拥抱奇哥
- 谈谈对老房子的记忆
- 提醒奇哥可以哭，有情绪很正常
- 确保奇哥周围有很多熟悉的东西，如泰迪熊和毯子
- 谈谈他们自己的感受
- 制定一个让奇哥感到舒适的新晨间常规
- 帮助奇哥了解新房子的优点

爱我们和关心我们的人对我们真的很重要，尤其是当我们正在经历变化的时候。如果你想在事情发生变化时得到帮助，可以向你的长辈展示这个页面。

活动：某件事发生了改变

你能想到你生活中发生改变的某件事吗？也许是前文列出的一件事，或者是其他事。

在这里写下来或画出来。

你对这个变化有什么感觉？

第四章 应对变化

是谁或是什么让你感觉良好?

你很勇敢,很有韧性,你会做得很棒的!

Change is a part of life

改变是生活的一部分

活动：我可以找谁倾诉？

你的好朋友和关心你的长辈都想知道你是什么样的人，所以如果你正在为生活中发生的变化而挣扎，不妨跟你信任的人聊聊。

即使你担心自己的感受不太合理，或者你不确定自己的情绪会给对方带来什么感受，也可以谈谈它们。

谈论自己的感受、担忧和面临的挑战是让自己感觉更好、增强韧性的好方法。当事情发生变化时，无论大小，都会有各种各样的感受，分享这些感受是韧性强的表现。

在生活中，谁是你觉得无论谈任何事都很舒服的人？把他们画在这里——一个人就行，两三个人足够，如果你有更多这样的人选，那当然好啦！

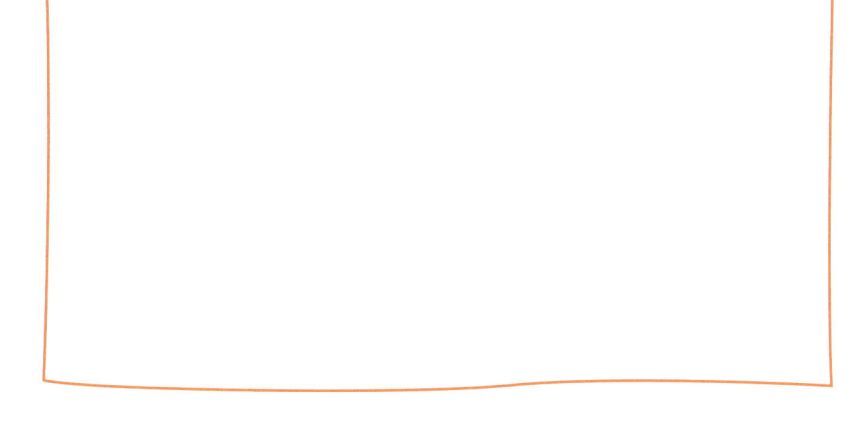

你会做得很棒的
应对变化和挑战的儿童指南

活动：制作连环画

如果计划发生了变化，或者你要去一个你以前没有去过的地方，你会感到非常不适。你的大脑会对可能发生的事情提出各种各样的问题，这会让你感到非常担忧。

请一名成年人帮你制作连环画，这样你就可以很好地了解将要发生或可能发生的事，这会告诉你的大脑，你是有计划的，它可以放松了。

这是奇哥第一次坐飞机！奇哥的长辈和他一起制作了连环画。

首先，奇哥提出了一些问题。

我们什么时候离开家？

机场会发生什么事？

如果我不喜欢坐飞机怎么办？

他们一起制作了一幅连环画，就像这样：

1. 早上 7 点，我们坐车去机场

2. 在机场，我们会办理行李托运并出示护照

3. 如果我在飞机上感到不舒服，我可以握着妈妈的手，听有声读物或谈谈我的感受

4. 飞机降落后，我们会打车去酒店

第四章 应对变化

你可以使用这个页面制作自己的连环画！你可以画出任何你不确定的变化、新的挑战或事情。

活动：寻找彩虹

如果你在下雨天不抬头看天空，就永远看不到彩虹。积极因素也是如此——你越是去寻找美好的事物，就会发现得越多。

有韧性的人会寻找平静和快乐的理由，即使他们正在应对难以对付的情况。这并不意味着你感受不到负面情绪，也不意味着你需要忽略负面的东西——韧性就是要在两者之间找到平衡。

奇哥很期待波普这个周末的派对，但因为下雪它被取消了。奇哥情绪低落——当计划被取消时，真的很令人失望。

奇哥哭着谈论自己的感受。

然后，当失望的感觉开始从奇哥的身体里消失时，奇哥准备开始积极思考。波普的派对改天举行，今天奇哥可以去雪地里玩了！

第四章　应对变化

你能帮奇哥在这个迷宫里找到彩虹吗？

好奇心

有些变化很难让人有积极的感受，你也无须强迫自己。相反，你可以试着寻找一些让人好奇的事物。

如果你生病了，你可能会对体内发生的变化或你服用的药物是如何起作用的感到好奇。

如果家里要添一个新生儿，你可能会对他长啥样或他会长成什么样的人感到好奇。

如果你最好的朋友搬走了，你可以对他的新家感到好奇，并给他写一封信，问问情况。

好奇心会引导想象力产生新想法，当事情发生变化时，也更容易感觉良好。

活动：写日记

当你的生活发生变化时，试着写日记。每次写下你的感受和想法都会增强你的韧性。这是因为写作有助于消除你心中的担忧，让你感觉更平静，更有掌控感。

每天，写下发生的事情和你的感受，然后在其中找到一件有挑战性的事情和一件你感恩的事情。

星期一

_____

_____

今天很有挑战性，当 _____

我很感恩 _____

星期二

_____

_____

今天很有挑战性，当 _____

我很感恩 _____

星期三

_____

_____

今天很有挑战性,当_____

我很感恩_____

星期四

_____

_____

今天很有挑战性,当_____

我很感恩_____

星期五

_____

_____

今天很有挑战性,当_____

我很感恩_____

星期六

_____

_____

今天很有挑战性,当_____

我很感恩_____

星期日

_____

_____

今天很有挑战性,当_____

我很感恩_____

每天花时间思考自己的感受和经历将有助于你培养韧性,善待自己,养成寻找积极一面的习惯。

活动：寻求帮助

正如我们所知，韧性并不意味着压抑你的感受或假装没有感受。有时，我们需要别人的帮助来应对变化，但寻求帮助会让人感觉很麻烦。

如果你想让自己对发生的变化感觉轻松些，可以问问某个长辈。也许并不能如你所愿，但这会让长辈更好地了解你的难处，并帮着想出一些主意。

露西的班级开始上游泳课，但她发现戴泳帽真的很不舒服——戴在头上又热又痒又紧。她的老师并不知道这些，所以露西问老师是否可以不戴泳帽游泳。

现在露西的老师知道了她的难处，她在尽力帮助露西。她打电话给游泳教练，教练说只要露西把头发挽起来就可以了。

露西觉得把头发挽起来很好，游泳教练也觉得只要游泳池里的每个人都安全就好。

I can ask for help

我会寻求帮助

第五章　好好照顾自己

照顾好你的身体将有助于你感觉良好，并处理好一天中的所有事情。在本章中，我们将了解为什么善待自己的身心会让你平静、坚强和有韧性。

第五章 好好照顾自己

为什么照顾好自己会让你更有韧性？

情绪产生于身体和思想中，所以你的感觉越好，你就越容易应对出现的任何一种情绪。

想想看：当你饿了、渴了或累了的时候，你是否处于最佳状态？很可能不会——我们大多数人都会变得暴躁和不耐烦，奇哥当然也会这样！

当你担心某件事时，它会填满你所有的想法……当你的计划或棘手的情况又有了变化，你会很快感到不知所措。

由于我们总是不能在变化和挑战来临之前就做好计划，所以我们每天都需要去照顾好自己的身心。感觉良好会增强韧性，那就让我们感觉良好吧！

活动：我的就寝时间

每天晚上按照同样的顺序做同样的事情会让你的身心感到放松，为睡觉做好准备。这将帮助你晚上睡个好觉，早上更加精力充沛。

你的就寝习惯是什么？圈出下面的词，如果奇哥遗漏了什么词，你就添加一些自己的词！

- 洗个澡
- 穿上我的睡衣
- 喝杯热饮
- 听个故事
- 抱抱我的泰迪熊
- 读个故事
- 打开我的夜灯
- 刷牙

第五章　好好照顾自己

按顺序在方框中画出或写下你就寝习惯的每一步。

多喝水

体内没有足够的水分会对我们产生很大的影响！我们可能会感到疲惫、焦虑和暴躁；我们的头可能会痛，我们的心跳会更快。这就是为什么大量喝水很重要——每天大约喝 6 杯水是最好的。

水太神奇了！你知道吗……

世界上最长的河流是尼罗河，全长 6670 千米

地球上约 96.5% 的水在海洋里

新生儿身体中约 78% 是水，而成年人身体中 55%~60% 是水

在植物中，水克服重力从根部流向叶子

多喝水意味着你的口腔会分泌唾液，这有助于保持牙齿的健康和清洁

第五章　好好照顾自己

美食

吃各种各样的食物是培养韧性的重要组成部分。当你给身体提供所需的食物时，你会感觉自己能够更好地应对变化和挑战。

倾听你的身体——这是非常明智的，它会告诉你什么时候饿了，什么时候吃饱了！

你最喜欢的食物是什么？

你会做得很棒的
应对变化和挑战的儿童指南

活动：美味的菠菜香蒜酱

菠菜富含所有能增强韧性的营养素：铁、维生素A、维生素C、维生素K、维生素B和蛋白质。菠菜本身在不同的菜肴中吃起来都很美味——为什么不做菠菜香蒜酱与家人分享呢？

你需要：

- 一把新鲜的罗勒叶
- 一把新鲜的菠菜叶
- 1/3杯磨碎的杏仁（或其他磨碎的坚果）
- 25克磨碎的切达干酪
- 1小瓣大蒜，切片
- 橄榄油，调味用
- 食物搅拌机或锋利的刀和砧板

如何做：

1. 让成年人帮你把所有的干性原料放在搅拌机里，如果手切的话，可以放在砧板上。

2. 将其混合或切成小块，直到叶子的汁液变黏糊并把所有的成分都混合在一起。

3. 将混合物倒入碗中，加一点橄榄油，直到香蒜酱变成柔软的糊状（如果你想让它稀一点，可以多加一些橄榄油）。

试试这种美味的香蒜酱，可以配意大利面吃，可以蘸着吃，也可以涂在吐司上！

第五章　好好照顾自己

该放松啦

你喜欢怎么放松？每天抽出时间放松会帮助你培养韧性，获得良好的自我感觉。

这里有一些你可以尝试的放松活动。

- **学习舞蹈**。学习任何新技能都能增强韧性，因为你必须不断练习才能把它做好。跳舞是学习新事物的一种有趣又放松的方式。
- **玩纸牌游戏**。与他人一起玩或自己玩自己的，玩纸牌游戏需要耐心，帮助培养韧性。
- **读一本书、了解一个人物或一个想法**。这些都会拓展你的思维，让你变得更友善、更聪明，能够更好地应对挑战。
- **试试绘画课程**。学习如何画出新的东西——当你把一项任务分解成几个步骤时，你会惊讶于你能做什么。
- **玩拼图或解谜游戏**。试试数独、填字游戏或数学题，让你的大脑真正运转起来，拼图可以帮助你学习新的思维方式，使你能够更加灵活地应对变化。

I can go with the flow

我能顺其自然

第五章　好好照顾自己

活动：你过得怎么样？

培养你的韧性和应对生活的变化是一项艰巨的工作！花点时间了解自己，反思一下自己每天的感受是很重要的。

问问自己：

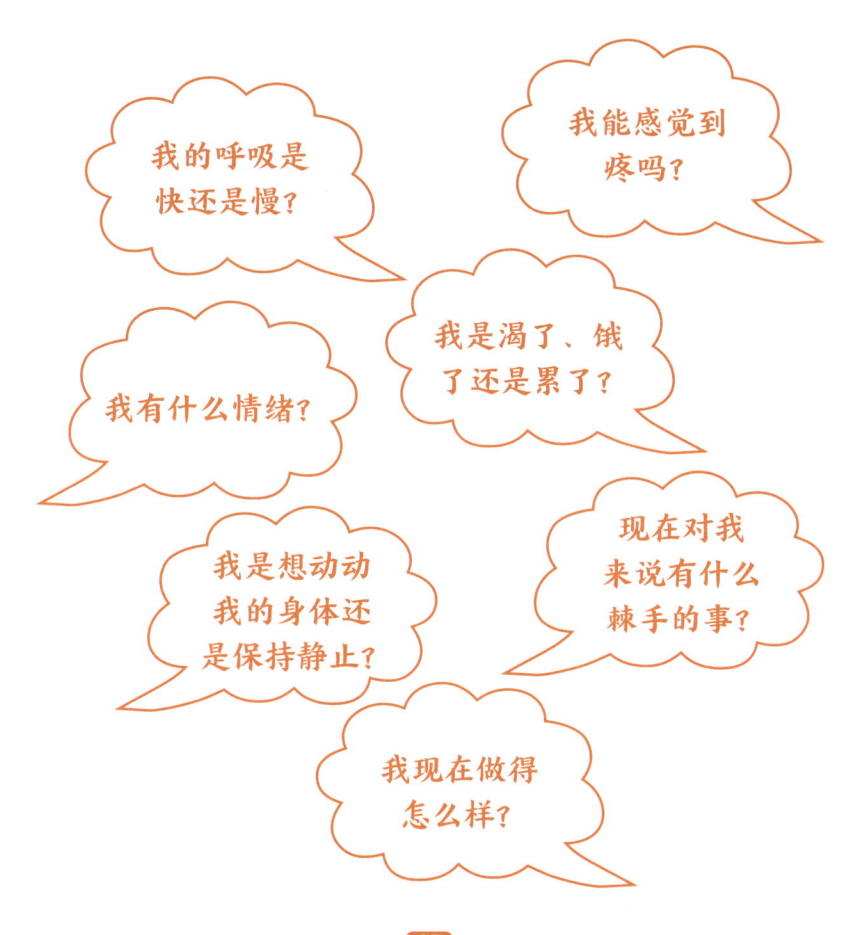

- 我的呼吸是快还是慢？
- 我能感觉到疼吗？
- 我是渴了、饿了还是累了？
- 我有什么情绪？
- 我是想动动我的身体还是保持静止？
- 现在对我来说有什么棘手的事？
- 我现在做得怎么样？

你会做得很棒的
应对变化和挑战的儿童指南

在下面写下或画出你的感受。

Every day is a new adventure

每一天都是一次新的冒险

活动：做一些瑜伽伸展运动

伸展你的身体会让你立刻感到平静和自信——当你面临挑战时，这是一种很好的方式，可以帮助你放松。

当你需要增强韧性的时候，试试这些瑜伽伸展运动。

如果你以前没有尝试过这些瑜伽姿势，请让你的长辈参考瑜伽书或在线资源。

牛式

猫式

战士式

树式

第五章　好好照顾自己

下犬式

前弯伸展式

眼镜蛇式

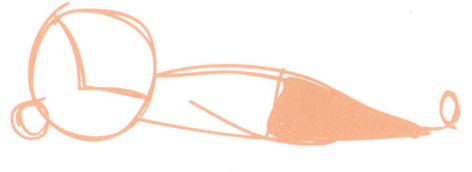

摊尸式

活动：建一所小房子

自然环境——无论是树林、海滩还是你自己的花园——都是培养应对变化的强大韧性和技能的好地方。当你身处大自然中时，这种环境为你的创造力、解决问题的能力和好奇心创造了很多机会。

这是一个有趣的活动，下次你在户外时可以试试！

你需要：
- 细绳（可选）
- 黏土（可选）
- 你的想象力！

如何做：

1. 找一个地方，为小精灵或仙女建造小房子——任何可以充当墙壁或支撑你建筑的地方都很好，比如树根之间、靠墙或石头堆旁。

2. 用你在附近找到的任何天然材料——石头、棍子、树叶、贝壳——再加上你带来的任何黏土或绳子，发挥你的想象力来建造你的小房子。你可以在房子里制作家具和人物：尽情发挥你的创造力！

I can connect with nature

亲近大自然

第六章 放松一下

你花在放松和平静上的时间越多,就能越好地应对困难和意外的变化。这是因为当你放松和享受乐趣时,你的头脑会变得强大和有能力。这一章都是关于放松的,请继续阅读,以获得一些有趣和令你感到平静的活动。

I am full of brilliant ideas

我充满了奇思妙想

你会做得很棒的
应对变化和挑战的儿童指南

活动：发挥创意

当你以任何方式发挥创意时，你的大脑都是最强大的——创作艺术品、编写故事、发明游戏或任何其他利用你想象力的活动。然后，你的大脑会建立新的神经回路，在解决问题、提出想法和管理情绪方面变得更加游刃有余。

利用这个空间来发明一种放松机器。不要害怕使用魔法，不要害怕犯傻——让你的想象力来引导你。

第六章　放松一下

活动：正念行走

正念意味着关注你的感官，专注于当下。正念行走包括环顾四周，注意到你遇到的那些有趣的事情。

与你的长辈一起，在当地社区进行一次正念行走，玩一些发现游戏——如果你发现有一些东西表现出下面的特征，把它勾选出来。

☐ 正方形	☐ 红色
☐ 圆形	☐ 橙色
☐ 三角形	☐ 黄色
☐ 椭圆形	☐ 绿色
☐ 星形	☐ 蓝色
	☐ 紫色
	☐ 粉红色
	☐ 黑色
	☐ 棕色
	☐ 白色

第六章　放松一下

☐ 能看到的
☐ 能听到的
☐ 有气味的
☐ 触摸起来很有趣的
☐ 有味道的

☐ 液体
☐ 固体
☐ 气体
☐ 天然的
☐ 人造的

活动：放松地带

你的房间是你可以放松和学习的地方。拥有一个安静、舒适的空间是照顾自己的一个非常重要的部分，也是培养韧性的一个重要部分。

你能把这间卧室装饰成终极放松地带吗？你可以添加玩具、小工具、家具、书籍、宠物、图案和颜色——任何让你感到放松和舒适的东西。

第六章　放松一下

你会做得很棒的
应对变化和挑战的儿童指南

活动：韧性背包

一个韧性背包是一个存放所有能帮助你感到坚强和平静的东西的地方。你也可以使用盒子、架子、袋子或抽屉——如果你没有备用背包的话。

韧性背包里能装什么呢？

朋友的照片

家庭照片

你喜欢的演员的照片

宠物照片　　柔软的泰迪熊

这本书！

舒适的卫衣或运动衫

钢笔、铅笔和纸

一瓶水

最喜欢的书

抗焦虑玩具

舒适的毛毯

第六章　放松一下

你会把什么东西放在你的韧性背包里？你可以从列表中选择一些东西，也可以自己想想——这完全取决于你自己。在下面写下来或画出来。

把这些东西放在某个地方会帮助你在应对变化时感觉良好。当你感到紧张、担忧或不确定时，你可以找到你的韧性背包，选择一些可以帮助你的东西。

活动：设计曼陀罗

曼陀罗是圆形对称的图案，无论你是画曼陀罗还是给曼陀罗涂色，都能让你感到平静！

这是一个曼陀罗，你可以把它涂上颜色。

第六章 放松一下

现在轮到你自己设计曼陀罗了！使用模板添加你的想法——你可以选择任何你喜欢的形状和图案。你能让这些形状和图案对称吗？

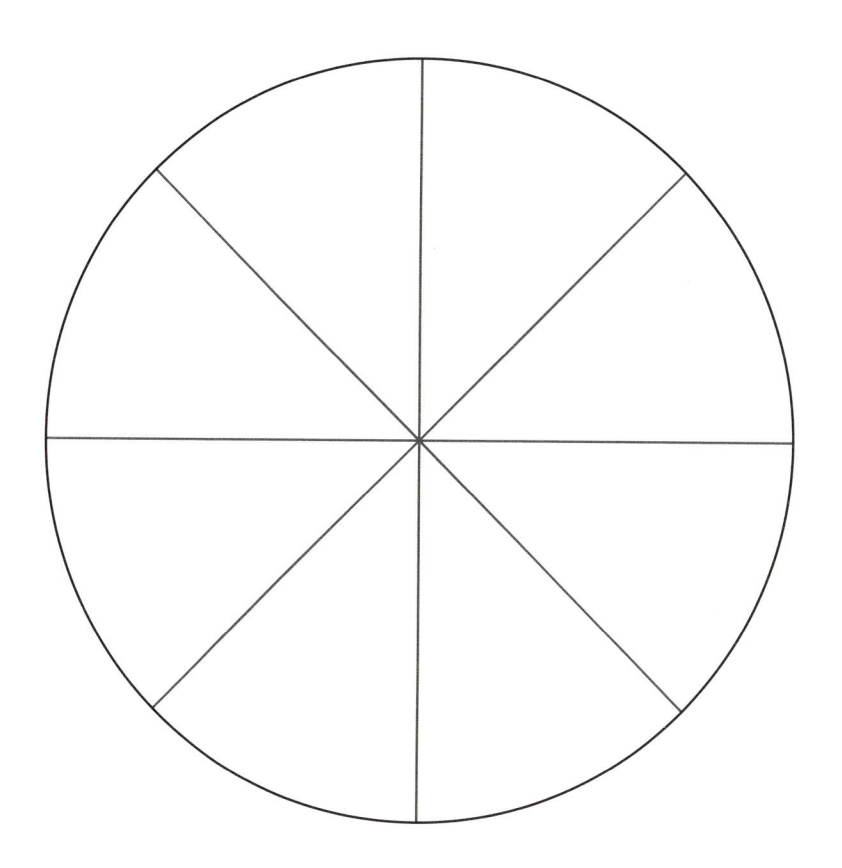

- 对称：两边都一样，就像镜子反射一样。

I feel calm

我感到平静

第七章　光明的未来

有那么多值得期待的事情！有了坚韧的心态给予你的自信，你将能够在生活给你带来的变化中感到坚强、平静和积极。在这一章中，我们将激励你走向光明而坚韧的未来。

你会做得很棒的
应对变化和挑战的儿童指南

活动：传递韧性

既然你已经学会了应对变化和培养韧性，为什么不制作一张海报，帮助其他孩子在充满挑战的时期善待自己呢？

首先，想想你的海报有什么内容或图片要表达什么意思。也许这可能是你在这本书中学到的以前没有意识到的东西，或者是一些在你应对变化时对你有帮助的词语。

你可以画画，也可以使用照片、杂志图片、拼贴画或炫酷的文字。

在这里简述一些想法。

下一页有空间可以好好设计海报——记住：如果你的海报不完美，那没关系！尽你最大的努力，你将激励他人。

你会做得很棒的
应对变化和挑战的儿童指南

剪下这一页时要小心

第七章 光明的未来

活动：你期待什么？

有所期待可以增强动力，帮助你保持积极的心态，即使事情很有挑战性。

大事件——比如度假或你最喜欢的表亲（或堂亲）来访——都让人印象深刻，用倒计时的方式去期待会非常令人兴奋。让每天都有一些小事情值得期待，对增强韧性也有很大的作用。

奇哥期待着每天放学后喝一杯热巧克力！

你会做得很棒的
应对变化和挑战的儿童指南

也许你已经拥有了一段美好时光,你可以期盼它的再次降临,也可以在不顺心的时候——手脚冰冷,旅行泡汤,午餐吃了最讨厌的三明治——让它涌上心头。

以下是一些你喜欢的事。

- 看一集自己最喜欢的节目
- 抱宠物
- 回家路上爬树
- 向公交司机挥挥手
- 快速骑滑板车
- 在车里跟着收音机唱歌

你会期待什么?

_____
_____
_____
_____
_____
_____
_____

第七章 光明的未来

关于韧性的故事

应对变化是很困难的,但像你这么棒的孩子每天都表现出勇敢和韧性。以下是这些孩子的故事。

我8岁时父母离异,这是一个很大的变化。很长一段时间以来,我都感觉怪怪的——要习惯于有两个家,一种新的生活方式,我也为此感到非常难过。现在有时我仍会感到难过,但当你适应一种新的生活方式的时间越长,感觉就越舒服——现在一切正常。

尼莎,10岁

我的生日聚会被取消了,我很难过。我觉得我的生日被毁了。我哭的时候妈妈坐在我身边,让我发泄我的愤怒和失望。晚上我感觉好多了,我们去我最喜欢的餐厅吃了一顿特色餐,所以这一天并没有完全被毁。

米洛,7岁

我是班里第一个来例假的女孩,我的身体在变化,这真的很可怕。和我的老师交谈需要很大的勇气,我为自己这样做而感到骄傲。她真的很理解我,告诉我该做什么,这让我感觉好多了。

格蕾丝,11岁

学校停课了,我们不得不在家做作业。这真的很难——我父母都在工作,所以他们都很忙,我们都很紧张。我们许下了尽可能善待彼此和自己的承诺,我们坚持了下来。我很高兴现在能回到学校!

杰米,9岁

I am excited and curious about what today will bring

我又兴奋又好奇，今天会发生什么事呢？

第七章　光明的未来

我的韧性计划

在这本书中，我们对如何培养韧性及如何应对变化和挑战，做了深度思考。书中有很多的想法——哪一个最适合你？让我们制订一个行动计划，帮助你感到平静、坚强和有韧性。

当我感觉……

___

我可以和……说话

___

我可以写下、说出或思考积极的词语，如……

___

我可以通过做……来让我的身体平静下来

___

我可以对别人说……

___

你会做得很棒的
应对变化和挑战的儿童指南

《你会做得很棒的》
黄金法则

★ 你的感受很重要

★ 你可以休息一下

★ 做自己,没关系

★ 改变很困难,你可以寻求帮助

★ 你可以做艰难而了不起的事情

第七章 光明的未来

结 语

奇哥学到了应对变化和培养韧性的所有知识——那你呢？你随时可以回到书里来——无论你是在困难时期需要帮助，还是帮助朋友去理解韧性，或者只是为了刷新你的记忆。你已经很努力了，应该为自己感到骄傲。

别忘了：当你善待自己的时候，你会做得很棒的！

I can do amazing things!

我会做得很棒的

写给父母和看护人：如何培养孩子的韧性

韧性是后天习得的，有很多方法可以帮助孩子在面对挑战时增强韧性。这需要掌握一种平衡，既在孩子情绪激动时去安慰他们，但同时又相信他们会想出自己的解决方案。

你比任何人都更了解你的孩子，你相信自己会取得平衡。即使你没有做好，也可以从中吸取教训，并在下次做出不同的选择。事实上，你能给孩子的最好礼物就是树立一种积极、友善的犯错方式。

研究表明，与孩子一对一相处是培养孩子韧性和改善心理健康的有效途径。这是因为孩子的幸福感和安全感来自与生活中重要人物的关系。你只需不分心地与孩子互动 5 分钟，就会对他们应对变化和逆境的能力产生惊人的影响。

韧性的另一个重要组成部分是自我照顾。帮助孩子倾听自己身体的需求，引导他们养成健康的睡眠和饮食等习惯。他们休息得越好，营养越好，就越能应对那些不好的情绪。

世界正在以令人眩晕的速度变化，对任何人来说，保持冷静都是一种挑战。请记住，你的孩子体验和表达任何类型的情绪都是健康的——这并不意味着他们没有韧性。相反，有情绪并能轻

你会做得很棒的
应对变化和挑战的儿童指南

松地表达这些情绪是一个有韧性的孩子的标志,也是安全有爱的亲子关系的标志。

我希望这本书会对你和你的孩子有所帮助。父母总是本能地想要保护孩子免受挑战。要知道,你在帮助孩子保持健康情绪方面,已经做得很好啦!

推荐阅读书目

Letting Go! An Activity Book for Young People Who Need Support Through Experiences of Loss, Change, Disappointment and Grief by Dr Sharie Coombes

Studio Press, 2020

The Story Cure: An A–Z of Books to Keep Kids Happy, Healthy and Wise by Ella Berthoud and Susan Elderkin

Canongate Books, 2017

Happy, Healthy Minds: A Children's Guide to Emotional Wellbeing by The School of Life and Lizzy Stewart

The School of Life Press, 2020

My Feelings and Me: A Child's Guide to Understanding Emotions by Poppy O'Neill

Vie, 2022

勇敢的你

Be cool, Be you

我酷我真诚

关于交友的儿童指南

［英］波皮·奥尼尔 /著
（Poppy O'Neill）
吴奇 /译

中国科学技术出版社
·北京·

图书在版编目（CIP）数据

我酷我真诚：关于交友的儿童指南 /（英）波皮·奥尼尔（Poppy O'Neill）著；吴奇译 . -- 北京：中国科学技术出版社，2024.1

（勇敢的你）

书名原文：BE COOL，BE YOU

ISBN 978-7-5236-0338-3

Ⅰ . ①我… Ⅱ . ①波… ②吴… Ⅲ . ①儿童 – 心理健康 – 健康教育 Ⅳ . ① B844.1

中国国家版本馆 CIP 数据核字（2023）第 220595 号

前　言

我养育了两个女儿，加上多年来一直在为孩子们提供心理治疗，因此非常清楚，培养孩子的社交自信以及对自己和他人的同理心，至关重要。当今社会对孩子的要求很高，他们面临着许多成长的挑战，既要了解自己，又要了解他人和周围世界。以什么样的方式不断成长，对他们的童年、青少年和成年生活都有很大的影响。

波皮·奥尼尔的这本书友好又互动，有助于孩子了解自己，善待自己和他人，从而有助于培养他们的自信心、同情心和同理心。

整本书都支持孩子在社交互动的挑战中遨游。书中的见解和练习使孩子能够识别什么是好的友谊，什么是不好的友谊，并指导他们寻找应对这些问题的方法。

这是一本很实用的书，我强烈推荐它。它能帮助孩子培养自尊心和自我意识，增强理解他人的信心，并以积极的方式来建立与他人的友谊。

英国咨询和心理治疗协会注册咨询师和心理治疗师
阿曼达·阿什曼－温布斯（Amanda Ashman-Wymbs）

引言：父母指南

《我酷我真诚》是一本指南，它支持孩子们在社交世界中遨游，结交新朋友，并对自己充满信心。本书利用儿童心理学家开发的技巧和方法，帮助孩子理解令人困惑和充满挑战的友谊世界，建立同理心，并学会成为自己最好的朋友。

儿童的发育阶段各不相同，但从三四岁开始，他们就能与同龄人建立友谊。对一些孩子来说，这很容易，但对其他孩子来说，社交技能的发展可能较慢或较难。这里需要指出的是，交友困难并不意味着有什么问题。有些孩子（和大人）跟自己相处时最快乐，当涉及交友时，他们重质不重量。不过，难以与同龄人建立亲密友谊可能会让人感到难过和困惑。

也许你的孩子很难交到朋友，或者在交友中表现得不快乐。也许他们为了被人喜欢而隐藏了真实的自己，或者他们曾受到过欺凌，对建立新的关系感到焦虑。交友需要勇气和妥协，这就是培养孩子的自尊心并让他们自在地做自己的重要原因所在。

这本书是为7~11岁的孩子准备的，在这个年龄段，社会关系开始形成。随着人格的发展，他们能够更好地辨别谁适合做自己的朋友。加上来自学校的压力，也难怪一些孩子发现自己交友困难。如果这听起来像你的孩子，那么你并不孤单。在你的支持和耐心鼓励下，孩子一定能建立信心，提高社交技能，做回自己，并与他人建立健康的友谊。

孩子交友困难的表现

注意下面的种种表现，它们表明你的孩子交友困难。

- **他们经常在课后独自待着**

- **他们很难达成一致或妥协**

- **他们很难遵守规则**

- **他们在家里和学校表现出截然不同的性格**

- **他们很难解读社交暗示**

- **他们说不想要朋友**

- **他们很害羞**

- **他们被取笑或被欺负过**

要详细了解孩子的心理和情感是很难的——有时，作为父母和看护人，我们可能会从中看到自己年轻时的痛苦，或者我们的做法可能对孩子没有什么帮助。要善待自己，因为你也只不过是一个人而已。友谊很复杂，并没有快速获取它的办法，但培养孩子交友的兴趣，并支持孩子渡过难关，就是最好的礼物。

如何使用本书：写给父母和看护人

这本书是写给你的孩子的，让他们来主导吧。一些孩子可能很乐意独立完成书中的活动，而另一些孩子可能希望或需要你的一些指导和鼓励。

即使你的孩子想独自完成这些活动，你也最好表现出兴趣，与他们谈谈这本书——他们学到或意识到的任何东西，令他们困惑或对他们有帮助的任何内容。帮助孩子培养社交能力的一个小技巧，就是问问他们的意见！

《我酷我真诚》中的活动旨在让孩子思考他们的思维和情绪是如何运作的，让他们放心，并没有什么对和错，他们可以按照自己的节奏阅读。希望这本书能帮助你和孩子更好地了解彼此，以及友谊是如何运作的。如果你对孩子的心理健康有任何严重的担忧，那么咨询医生仍然是最好的选择。

如何使用本书：儿童指南

你觉得交友是件麻烦事吗？有朋友当然好啦，但有时别人总会让人不安、觉得讨厌或令人困惑不已！事实是，交友很复杂，因为人心很复杂，所以发现交友很难并不意味着你做错了什么……这意味着你是对的。

以下是你这个年龄段的孩子交友时会遇到的一些最常见的困难。

- 感觉自己是个异类
- 担心自己的朋友不够多
- 努力去融入
- 发现很难为自己发声

如果这听起来像你，那么你并不孤单！很多孩子都有这种感觉，觉得很难找到友谊。这本书就是为了帮助你维护自己的权利，找到好朋友，做好自己。

书中有很多活动和想法可以帮助你了解友谊、情感和我们的思维是如何运作的。你可以按照自己的节奏阅读，也可以随时得到大人的帮助——书中可能也有你想和他们谈谈的事情。这本书是写给你的，也是关于你的，并没有错误答案——你说了算！

怪物布利普简介

你好！我是布利普，我是一个很友好的怪物。我会帮助你读完这本书——你到处都能看到我，看到我时一定要打招呼哦。有时我跟你一样，也觉得交友是件麻烦事：这本书就是来帮助你的。它充满了有趣的想法和有创意的活动——你准备好了吗？让我们开始吧。

Contents 目录

1 / **第一章　友谊和我**

2 / 为什么友谊有时是个麻烦？

4 / 常见的友谊斗争

5 / 活动：关于我的一切

7 / 活动：我的友谊

8 / 做朋友是什么感觉？

10 / 做一个好朋友

11 / 什么造就一个好朋友和一个坏朋友？

12 / 谁是我信任的大人？

13 / 活动：友谊测验

16 / **第二章　善意**

17 / 善意是一种超能力

18 / 活动：我很有善意

20 / 活动：关于情绪的一切

21 / 什么是同理心？

23 / 每个人都不一样

26 / 什么是自言自语？

27 / 活动：布利普有什么感觉？

28 / 活动：感觉被冷落

29 / 以不同的方式表达善意

32 / 活动：我的朋友该怎样对我表达善意？
34 / 活动：制作善意招贴画
38 / 表示尊重

39 / 第三章　交友

40 / 什么是社交技能？
41 / 敏感意味着什么？
42 / 在家练习
45 / 活动：不经意的善举
48 / 要玩的游戏
49 / 活动：纸制生物
50 / 活动：认真听！
51 / 活动：你愿意吗？
53 / 活动：镜面画
55 / 活动：寻宝
58 / 活动：正方形游戏
61 / 活动：剪下对话卡片

63 / 第四章　做一个好朋友

64 / 成为自己的好朋友
66 / 活动：解决问题
68 / 活动：寻求帮助
71 / 活动：坏朋友和霸凌者
73 / 什么是同伴压力？
75 / 纠正错误
77 / 活动：感到愤怒

80 / 活动：感到嫉妒
82 / 输赢
83 / 休息一下
84 / 你太棒了
85 / 活动：腹式呼吸
86 / 友好相处

88 / **第五章　照顾好自己**
89 / 为什么善待自己很重要
90 / 活动：我的就寝时间安排
92 / 奇妙的水
93 / 跳来跳去
94 / 快速的友谊冥想
95 / 谈论感受
96 / 活动：找到你的快乐之地
98 / 活动：平静上色
101 / 照顾好你的感受
102 / 活动：分享有趣食谱——
黄瓜寿司

104 / **第六章　展望未来**
105 / 活动：我是什么样的朋友？
106 / 活动：我想要什么样的朋友？
108 / 活动：制作友谊指南
111 / 活动：你能帮助布利普吗？
113 / 如果你有一个坏朋友该怎么办？

114 / 活动：写日记
116 / 传播友谊
119 / 关于友谊的故事
122 / 《我酷我真诚》黄金法则
123 / 活动：行动计划
124 / 结语

126 / 写给父母和看护人：
     如何帮助孩子交友
128 / 推荐阅读书目

第一章　友谊和我

在这一章中,我们将了解关于你的一切,以及关于友谊的一切。了解你自己是成为一个好朋友的重要组成部分。

我酷我真诚
关于交友的儿童指南

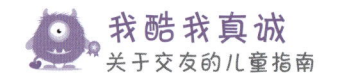

为什么友谊有时是个麻烦？

　　有朋友真好——他们是我们最想见到的人，也是最让我们开心的人。我们可以在朋友面前做自己，当我们情绪低落时，他们会陪在我们身边。

　　每个人都是独一无二的，所以有时你和你的朋友会意见相左，或者让对方心烦，这并不意味着有什么不对劲，好朋友之间也会对彼此感到心烦，然后又一起解决问题。

　　不过，交到好朋友可能很难！有时感觉我们和班上的孩子不太合群，或者我们想交的朋友并没有注意到我们。

　　友谊有时会让人困惑，有时会很难获得，但也有很多乐趣。只需一些帮助，我们就可以应对友谊中那些困难的部分，因为那些有趣的部分值得我们这样去做。

第一章　友谊和我

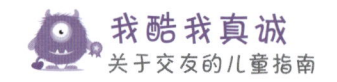

常见的友谊斗争

交友时，你这个年龄段的孩子需要应对哪些事情？以下是一些例子。

- 被排挤
- 被欺负
- 友谊结束
- 转到新的班级或学校
- 发现很难和别人一起玩
- 害羞
- 担心朋友不够多

也许这些事情中的一件或多件会发生在你身上，或者你担心它会发生，或者你正在应对一些不在此清单上的事情。无论你有什么担忧或挣扎，你都不是一个人。

第一章 友谊和我

活动：关于我的一切

让我们更好地了解你！你能完成这些句子吗？

我的名字叫＿＿＿＿＿＿

我今年＿＿＿＿＿＿岁

用三个词来描述自己：＿＿＿＿、＿＿＿＿、＿＿＿＿

我酷我真诚
关于交友的儿童指南

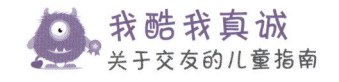

我擅长_____

我最喜欢的音乐是_____

长大后我想成为_____

活动：我的友谊

想想你所拥有的友谊：他们可以是学校的同学、家庭成员，甚至是宠物！

在这里画出或写下你的朋友。

我酷我真诚
关于交友的儿童指南

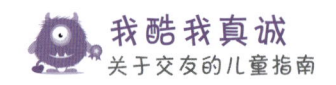

做朋友是什么感觉？

当＿＿＿＿＿＿＿＿＿＿＿＿＿＿＿＿＿＿＿＿

＿＿＿＿＿＿＿＿＿＿＿＿＿＿＿＿＿＿＿＿＿

＿＿＿＿＿＿＿＿＿＿＿＿＿时，我是一个好朋友。

我最喜欢和朋友一起做的事是＿＿＿＿＿＿＿＿＿

＿＿＿＿＿＿＿＿＿＿＿＿＿＿＿＿＿＿＿＿＿

＿＿＿＿＿＿＿＿＿＿＿＿＿＿＿＿＿＿＿＿。

我希望我有一个朋友能＿＿＿＿＿＿＿＿＿＿＿＿

＿＿＿＿＿＿＿＿＿＿＿＿＿＿＿＿＿＿＿＿＿

＿＿＿＿＿＿＿＿＿＿＿＿＿＿＿＿＿＿＿＿。

I am unique

我是独一无二的

我酷我真诚
关于交友的儿童指南

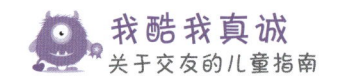

做一个好朋友

做一个好朋友意味着善待他人，同时也要善待自己——当你发现交友是件麻烦事时，要做到善待自己和他人其实很难。以下是你日子不好过的种种表现。

- 你感到孤独

- 当你和你的朋友在一起时，你不会有太多乐趣

- 你的朋友对你不友善

做朋友需要很大的勇气。以下种种表明你是一个勇敢的好伙伴。

- 如果你的朋友被欺负，你会挺身而出

- 你对遇到的每一个人都很好

- 你做事不会是因为别人都在做

第一章　友谊和我

什么造就一个好朋友和一个坏朋友？

不是每个人都适合做你的朋友，注意以下这些好朋友和坏朋友的表现。

一个好朋友	一个坏朋友
与你亲切交谈	对你很刻薄
让你和其他朋友一起玩	试图将你据为己有
关心你的感受	不介意伤害你的感情
让你感到平静	让你感到担心或害怕
和你一起玩	忽视你
听你倾诉	不会听你倾诉

- 如果有人对你表现得像个坏朋友，请记住这不是你的错。你对你的行为负责，他们也对他们的行为负责。你不必和对你不好的人做朋友。如果你需要帮助来应付一个坏朋友，你可以问一个值得信赖的大人。

我酷我真诚
关于交友的儿童指南

谁是我信任的大人？

一个值得信赖的大人可以是父母、看护人、老师、邻居或其他人：他们是你觉得可以放心交谈的大人，是很好的倾听者，关心你的感受。你的生活中可能有很多你信任的大人，或者只有一两个。你不必仅仅因为某人是大人就信任他——信任是你内心的一种感觉。

在此处写下或画出你信任的大人。

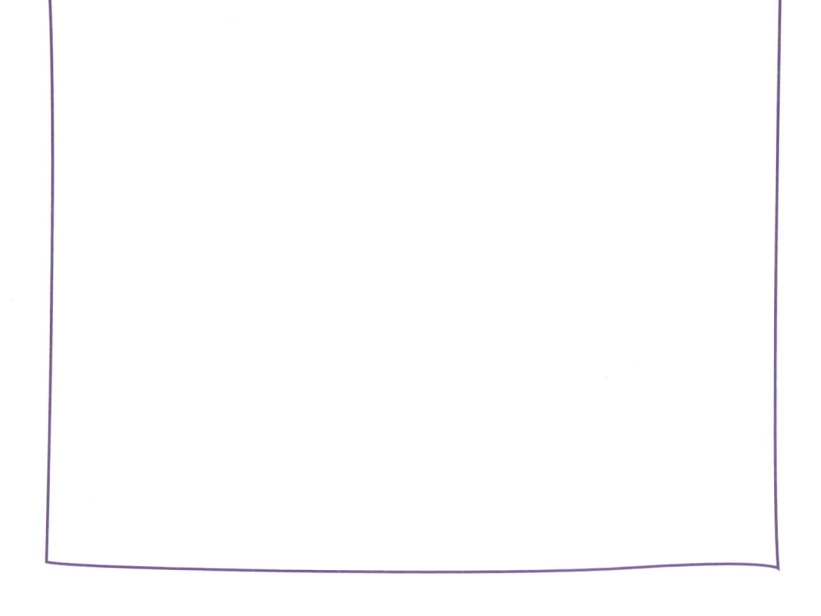

你可以和他们谈论任何你担心的事情。

第一章 友谊和我

活动：友谊测验

参加这个测验，看看你是什么样的朋友！

1. 现在是星期一的早上，该上学了。你感觉_____。
   A. 我等不及想见我的朋友了
   B. 我希望我能躺在床上——我讨厌学校
   C. 起床很难，但我一到学校，我的朋友们就让我觉得一切都值得

2. 你的朋友一整天都很安静，所以你_____。
   A. 讲笑话，做傻事，让他们开怀大笑
   B. 以为他们在生你的气，避开他们
   C. 问他们出了什么问题，看看你是否能帮助他们感觉更好

3. 当_____时，我最幸福。
   A. 和我的朋友们在一起
   B. 独处
   C. 和我的朋友们在一起，但我也享受独处的时光

4. 班上来了一位新同学，你_____。
   A. 确保你是他交的第一个朋友
   B. 忽视他——你已经有足够多的朋友了
   C. 表现得友好、热情——他可能会成为一个潜在的新朋友

我酷我真诚
关于交友的儿童指南

5. 你最好的朋友想和别人一起吃午饭，你感觉_____。

A. 糟糕透了——我一定做错了什么

B. 愤怒——我们不再是最好的朋友

C. 轻松——我会想念他，不过我们可以一会儿再聊

大多数选 A：你很关心你的朋友，这让你成为一个很好的人。但有时你没有意识到你的朋友和你在一起是多么幸运。记住也要做你自己的朋友！

大多数选 B：你对和谁是朋友很谨慎，你担心自己的感情会受到伤害。如果朋友过去对你不友善，那么感到担忧是可以理解的！学会如何足够信任某人并与他交友是一件勇敢的事。

大多数选 C：你是自己和他人的好朋友！无论是独自一人还是与他人在一起，你都不怕犯错误，而且会感到放松。结交新朋友，学习新的友谊技巧，你总是很兴奋。

I can do my best　我可以尽力而为

第二章 善意

善待自己和他人让友谊充满魔力。在本章中,我们将探讨为什么善意如此重要,以及我们如何善待彼此。

善意是一种超能力

以各种方式表达善意会让别人感觉更好——这是每个人都拥有的超能力。

当你对某人好的时候，会让他们感觉良好。但这还不是全部——真正的魔力在于它也能让你自己感觉良好！当一个人对另一个人友善时，他们的大脑就会释放多巴胺——这是一种神奇的天然化学物质，让你感觉良好。

今天你将如何运用你善意的力量？

活动：我很有善意

善意有很多不同的形式！它可以是在学校帮助朋友解决棘手的问题，在有人受伤时提供帮助，或者分享美味的食物。

想想你对某人好的时候——在这里写下来或画出来。

现在你能想到有人对你好的时候吗？在这里写下来或画出来。

第二章　善意

你能想出那些善待自己的方式吗？圈出来，然后在空白处加上你自己的想法！

当我需要帮助时，我会大声说出来

我为自己着想

当我口渴的时候，我会喝杯水

如果我想哭，我就会哭

当我觉得冷，我就穿上一件毛衣

当担心的时候，我会谈论它

我做一些有趣的事情

我是个好朋友

我对我不想做的事说"不"

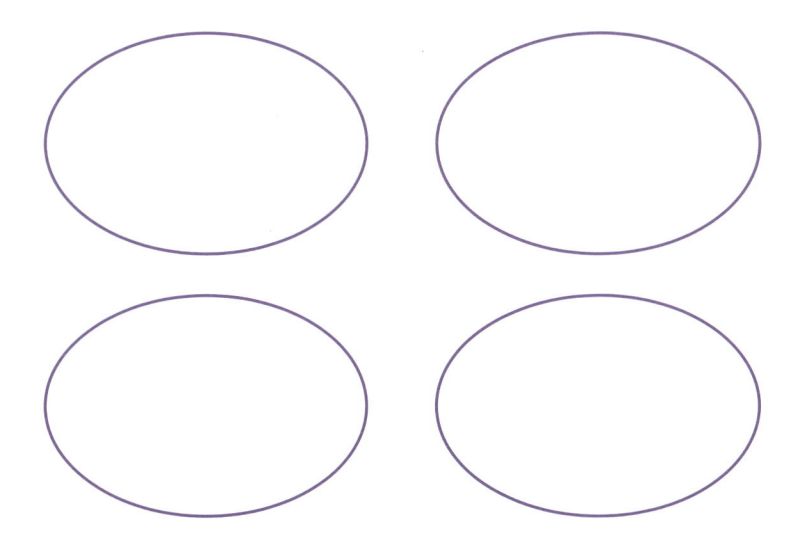

我酷我真诚
关于交友的儿童指南

活动：关于情绪的一切

情绪是我们在头脑和身体中经历的感觉。以下是一些关于情绪的例子。

快乐　　伤心　　害怕
　　　　　　　　　　愤怒
释然
　　　　　　　　　　内疚
厌恶
　　　　　　　　　　担心
　　　　　　　　　　焦虑
失望
嫉妒
　　　　　　　　　　高兴
　　尴尬　　激动

我们能感受到情绪，情绪会影响我们的思想和行为。情绪是生命的一部分——人类和许多动物都能感受到它们——情绪也是我们了解世界的方式之一。情绪也是友谊的重要组成部分——请继续阅读，找出背后的原因。

第二章　善意

什么是同理心？

同理心意味着能够知道或想象别人的感受，即使你没有同样的经历。

当你通过别人的"眼睛"看事情时，你会有更好的机会学会如何向他们表达善意或提供帮助。

让我们试一试：

布利普心爱的宠物青蛙昨晚失踪了。

你觉得布利普感觉怎么样？

_____

_____

你怎样对布利普表达善意？

_____

_____

我酷我真诚
关于交友的儿童指南

布利普的青蛙回家了!

你觉得布利普现在感觉怎么样?

_____

_____

你怎样对布利普表达善意?

_____

_____

做得很好:你运用了同理心!

每个人都不一样

同理心是一项绝妙的技能，但你只能大致猜测另一个人的感受。你猜测的是否正确并不重要：重要的是尽你最大的努力去想象并表现出善意。

每个人都有独特的经历、感受和想法，所以同一种情况下，两个人可能会有截然不同的感觉。

例如，老师宣布下午上课将踢足球，而不是画画。

热爱艺术的布利普感到很失望。

我酷我真诚
关于交友的儿童指南

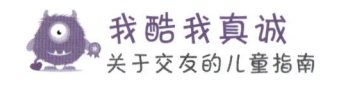

热爱运动的菲兹感到很兴奋。

这没有对或错——他们只是感觉不同而已。我们可以用同理心来想象布利普和菲兹的感受：可以为其中一个人感到高兴，同时为另一个人感到失望。

同样重要的是，要知道，仅仅因为某人产生了困难情绪——如失望——并不意味着我们需要解决或改变任何事情。布利普（和其他任何人）可以感到悲伤或愤怒，就像菲兹（和其他任何人）可以感到快乐和兴奋一样，你也可以感受你所感受到的任何情绪。

I am kind

我很有
善意

我酷我真诚
关于交友的儿童指南

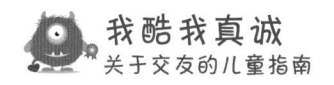

什么是自言自语？

自言自语是我们与自己交谈和谈论自己的方式：它可以是友好的或不友好的，善意的或不友善的。你是和自己在一起时间最长的人，所以做自己的好朋友很重要，不要欺负自己。

好消息是，你有能力改变对自己说话的方式，让自己变得更友善。倾听你自己的想法是培养友好的自言自语的第一步。

你能想到某一次你对自己的想法或言论是不友善的吗？例如，"没有人喜欢我，因为我在操场上摔倒了。"如果你愿意，你可以在这里写下来。

_____

_____

_____

现在想象一个更友好的自言自语的声音。例如，"当我摔倒时，我感到很尴尬——我希望这件事没有发生。我可以求朋友或值得信赖的大人抱一抱。"你能想出一些更友善的话吗？

_____

_____

_____

第二章　善意

活动：布利普有什么感觉？

能够识别情绪是成为朋友的重要组成部分。当你能看出或猜到某人的感受时，你就知道如何成为他的朋友了。

你能用线条将布利普的脸与相应的情绪连起来吗？

开心
悲伤
害怕
生气
兴奋
平静

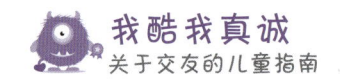

活动：感觉被冷落

你有没有担心其他孩子不喜欢你？这是一种常见的担忧，你并不孤单。我们的大脑已经进化到认为与周围的人相处是非常重要的，所以如果我们觉得自己不受欢迎或融入不了友谊团体，就会感到非常不舒服。

感到担忧是没问题的，但请记住：感觉并不是事实，这也很重要——它们只是你大脑产生的想法和猜测。你也可以想想好的方面，以此来表达自己的善意，例如：

我有好朋友

我是个好朋友

我的朋友今天过得很糟糕——我们还是朋友

如果你担心的那些想法让你不安，你可以通过向大脑展示一些事实来平息它们。根据下面的提示写出你的答案，下次你担心某人是否喜欢你时，可以回到这一页。

那些肯定喜欢我的人：

_____

_____

他们所说的话或所做的事证明他们喜欢我：

_____

_____

第二章 善意

以不同的方式表达善意

　　我们与某些人相处得比其他人好的原因之一，是彼此都以不同的方式表达出了善意。我们都很欣赏善意，有些人喜欢说赞美的话，而另一些人更喜欢拥抱或击掌。

　　以下是我们向对方表达善意的多种方式。在你喜欢的方式上画一个圈。

　　　　　　　拥抱　　　　　击掌

鼓励　　　　　　问问对方一天过得怎么样

讲笑话　　　　　　　分享零食

画肖像
　　　　　　　　主动提供帮助

问问我们感觉如何　　　　互相支持

我酷我真诚
关于交友的儿童指南

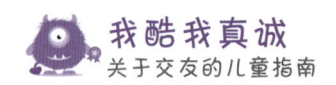

倾听

做家务

做午饭

帮助完成作业

一起阅读

赠送礼物

一起玩游戏

手牵手

给对方写信

一起交谈

你能想出其他表达善意的方法吗?

_____

_____

_____

I am a good friend

我是个好朋友

我酷我真诚
关于交友的儿童指南

活动：我的朋友该怎样对我表达善意？

现在，想想你是多么喜欢朋友向你示好。在这里写下或画出你的想法。

I can use my voice

我可以发声

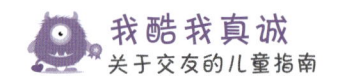

活动：制作善意招贴画

当你对自己和他人表现出善意时，善意就会增长。善意会让人感觉良好，当我们感觉良好时，我们会对自己和彼此更友善……就像一个善意的雪球，越滚越大！

传播善意的一种方法是在招贴画上写下善意的话语，并将其展示在人们可以看到的地方。想想你想向周围的人传播的一些善意的话语——这里有一些可供参考。

这个世界充满了善意　　你很特别

今天是个好日子　　让我们传播善意

你很酷　　善意很神奇

你可以在这里练习写下你的善意话语，然后再把它写在招贴画上。

_____

_____

_____

第二章 善意

在招贴画中间写上你的善意话,然后用钢笔、铅笔或贴纸把它装饰得五颜六色。

我酷我真诚
关于交友的儿童指南

剪下这一页时要小心

I am strong 我很坚强

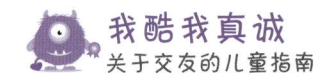

表示尊重

还有比善意更重要的东西，那就是尊重。你不需要为了向某人表示尊重而与他成为朋友，但你可以向你遇到的每个人都表示尊重。

> 尊重意味着在意你的言行如何影响他人

尊重他人并不意味着把他们的感受放在你的感受之上，而是要以你希望他们对待你的方式去对待他们。

这条规则有一个重要的例外——如果有人伤害你或让你感到害怕，你不需要尊重他们。这时，你要保护自己的安全，并与值得信赖的大人谈论所发生的事情。

第三章　交友

结交新朋友可能很麻烦，与新朋友交谈需要很大的勇气。本章中，你会发现可以通过很多技巧和有趣的方法来建立新的友谊。

我酷我真诚
关于交友的儿童指南

什么是社交技能？

就像速写、骑自行车或系鞋带一样，交友和与他人相处是你需要学习的技能。我们称之为"社交技能"，因为"社交"意味着与他人在一起。

有些人觉得社交技巧很简单，交友和与别人在一起感觉也很舒服。但对于许多儿童和大人来说，这是很难的。如果你觉得交友很难或令人困惑，那也没关系。学习社交技能可以让你感觉交友更容易，并帮助你了解那些可能适合你的人。

第三章 交友

敏感意味着什么？

如果你很敏感，你会从你周围的世界里收集到很多其他人可能没有注意到的信息和感受。味道可能更浓，噪声听起来更大，笑话可能更伤你的感情。这有点像让世界变得更响亮，这很烦人！它会让你感到害羞或害怕遇到陌生人。

但敏感是一件令人惊叹的事情，因为这意味着世界更加丰富多彩。你有超强的感知能力，这会让你成为一个聪明的朋友，有着有趣的头脑和很多善意。

虽然敏感可能意味着交友会令你感觉很麻烦，但它也会带给你很好的社交技能。

敏感的人擅长……

- 倾听他们的身体
- 保持好奇心
- 解决问题
- 注意细节
- 想出游戏
- 表现出善意

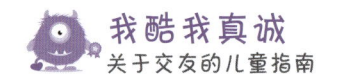

在家练习

在家练习社交技巧会让你在学校或在外交友时更有信心。想想你感到担忧或紧张的情况，请父母、看护人或其他值得信赖的大人与你一起行动。这样的练习有助于你更加自信，当事情真的发生时，你知道如何应对。

以下是一些想法。

- 当着全班同学大声朗读
- 请某人一起玩
- 如果你在学校感到愤怒该怎么办
- 通过寻求帮助找到你的出路
- 反抗霸凌
- 为自己发声

你可以不止一次地练习这些情况，交换角色，让它变得有趣，练习最坏的结果和最好的结果……你练习得越多，在现实生活中处理起这些事来就越容易。

让我们假设你在学校发生了什么事，你没有完成你的图画，你对此感到非常愤怒！
哦，这确实让我感到愤怒！

那么你能做什么呢？
我可以深呼吸！

我酷我真诚
关于交友的儿童指南

对,你可以说出你的感受。

我很生气,没有完成我的图画!

很好!还有别的吗?

我可以多做些深呼吸——或者,如果我需要的话,休息一下,直到平静下来。

活动：不经意的善举

不经意的善举意味着对某人表现出善意，而不一定想和他们交朋友。这是练习社交技能的好方法，因为当你不担心对方是否愿意和你做朋友时，你不会感到那么紧张。

以下是一些不经意的善举。

- 主动提出帮家里做家务

- 称赞某人的着装

- 为后面的人扶住门

- 让别人排在你前面

- 帮助有困难的人

- 如果某人的外套从挂钩上掉下来，就把它挂起来

- 写一封感谢信

- 和比你年幼的人一起读书

我酷我真诚
关于交友的儿童指南

你能想出更多的例子吗?

> 不经意的善举最棒的地方在于,它能让对方感觉良好,也能让你感觉良好!表现出善意会释放大脑中的化学物质,给你带来平静和幸福。

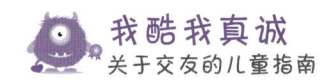

I am fun!

我很有趣!

我酷我真诚
关于交友的儿童指南

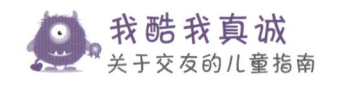

要玩的游戏

在接下来的几页中,你会发现有一系列不同的游戏可以与其他人一起玩。这些游戏之所以被选中,是因为它们可以帮助你了解彼此,建立你的信心——最重要的是,它们很有趣。

你几乎可以在任何地方玩这些游戏,所以下次当你认识一个新朋友,或者和一个老朋友或家人在一起时,就试试吧!

第三章 交友

活动：纸制生物

这个游戏可以和两个或更多的玩家一起玩。这是一个很好的方式，你们可以一起做出有趣和有创意的东西。

你需要：
- 纸——一张 A4 纸会很好用
- 剪刀（可选）
- 铅笔或钢笔

如何玩：
- 小心地把纸剪成长条，每条约 5 厘米宽。
- 在其中一条的顶部画一个头。尽可能富有想象力！
- 把纸折向你这边，这样你的画就隐藏起来了——但剩下的纸露着——然后递给你的朋友。
- 你的朋友现在画了一个身体，把纸叠好递给你。
- 你画出腿和脚（或触角、火箭助推器），然后再次折叠。
- 打开纸，看看你们创造的神奇的生物！

> 提示：在游戏中准备两张纸条，这样两个玩家总是有东西可以画。

我酷我真诚
关于交友的儿童指南

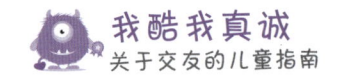

活动：认真听！

这个游戏可以两人一组玩，对学习成为一名专业的倾听者非常适合。

你需要：
- 秒表或计时器

如何玩：
- 两个人面对面坐着，将秒表或计时器设置为 30 秒。
- 一个人谈论一个话题，而另一个人倾听。
- 时间到了，听众必须尽可能准确地重复演讲者所说的话。然后演讲者可以告诉听众他的记忆力有多好！
- 接下来，换个话题，让听众有发言的机会。

主题创意：
　　宠物，我梦想中的房子，我看的最新一部电影，我最喜欢的游戏，如果我有超能力……

活动：你愿意吗？

这是一款适合两人或多人玩的游戏，它们可以是有趣的、搞笑的、讨厌的和令人兴奋的！

你需要：
- 你的想象力！

如何玩：
- 轮流问对方"你喜欢／愿意／宁愿／想要……还是……"的问题。它们可以是令人讨厌的、有趣的、狡猾的或愚蠢的——关键是要玩得开心，能更好地了解彼此。

- 参照下面的想法开始游戏吧！

> 你喜欢热一点还是冷一点？

> 你喜欢去打保龄球还是去游泳？

我酷我真诚
关于交友的儿童指南

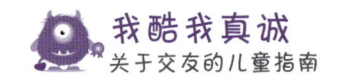

你愿意做鳄鱼的朋友还是敌人?

你想要飞翔还是时光倒流?

你宁愿眉毛上有鼻涕虫还是鼻子上有蚂蚁?

你愿意永远只吃蛋糕还是再也不吃蛋糕?

第三章　交友

活动：镜面画

用这个简单又有创意的游戏模仿一下，可以两人一组玩。

你需要：
- 一张纸
- 两支铅笔

如何玩：
- 在纸的中间画一条线。
- 玩家一在线的一侧绘制，而玩家二必须在线的另一侧绘制镜面画。
- 继续绘制，直到玩家二决定绘图结束。
- 现在把纸翻过来，交换角色。

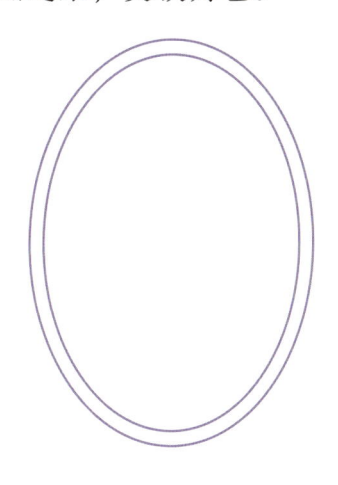

我酷我真诚
关于交友的儿童指南

试试和布利普一起绘制镜面画!

布利普在一侧画了半幅自画像——你能在另一侧画一幅镜面画吗?

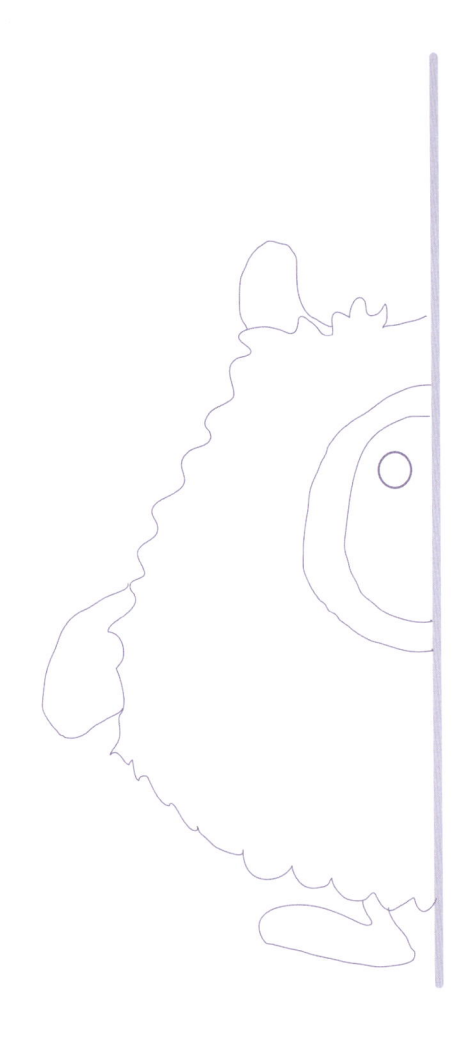

第三章 交友

活动：寻宝

探索你周围的世界，收集你清单上的所有东西！这个游戏可以当面进行，也可以通过视频通话进行。

你需要：

- 对要寻找的东西列表（在接下来的两页上使用布利普的列表，或者自己编制列表）

- 铅笔或钢笔

- 纸

如何玩：

- 在你的家里（或你碰巧在的任何地方）搜索与列表上的每一项内容相匹配的东西。根据事物的类型，可以把它们写下来或收集起来。例如，如果你的一件物品是沙发，可以把它写下来；但如果另一件物品是蜡笔，可以收集它。

- 当你准备好了，与其他玩家见面，分享你的发现。

我酷我真诚
关于交友的儿童指南

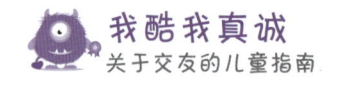

户外寻宝

- ○ 光滑的东西
- ○ 粗糙的东西
- ○ 模糊的东西
- ○ 比你的大拇指指甲还小的东西
- ○ 看起来像脸蛋的东西

家里寻宝

- ○ 红色的东西
- ○ 橙色的东西
- ○ 黄色的东西
- ○ 绿色的东西
- ○ 蓝色的东西
- ○ 粉色的东西

第三章 交友

城中寻宝

- ○ 能够告知你时间的东西
- ○ 穿制服的人
- ○ 戴帽子的人
- ○ 生长中的东西
- ○ 由砖块组成的东西
- ○ 一个街牌
- ○ 比你年龄大的某个东西

视频寻宝

- ○ 一双干净的袜子
- ○ 一个农场中的生物
- ○ 带名字字样的东西
- ○ 一张卫生纸
- ○ 有三样不同颜色的东西
- ○ 你的一张照片
- ○ 某个带数字的东西

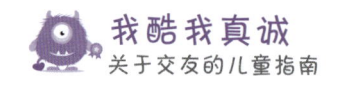

活动：正方形游戏

这个游戏安静而放松，两人玩效果很好——如果你想玩更长时间，就做一个更大的格子。

你需要：

- 带点的纸、正方形纸或普通纸
- 两种不同颜色的钢笔或铅笔

如何玩：

- 如果你使用的是普通纸，用尺子画出一排排相距约 5 毫米的点，直到你有一个由大约 10 个点组成的网格。
- 轮流在两个点之间画一条线。
- 目标是画出正方形。当你画出一个正方形时，在里面写下你的名字。
- 当所有的点都被连成正方形时，名字最多的人就赢了。

> · 你会注意到这个游戏有一个赢家——翻到第 82 页，了解更多关于输赢的信息。

第三章　交友

你可以和大人一起玩这个正方形游戏。

I am brave

我很勇敢

活动：剪下对话卡片

有时候，当你开始了解一个人时，甚至当你们已经是朋友时，都很难知道该聊什么。剪下这些对话卡片，使用它们来聊天。你可以在家里用它们来培养你的对话技巧或记住它们，这样你就可以随时准备好一个有趣的问题。

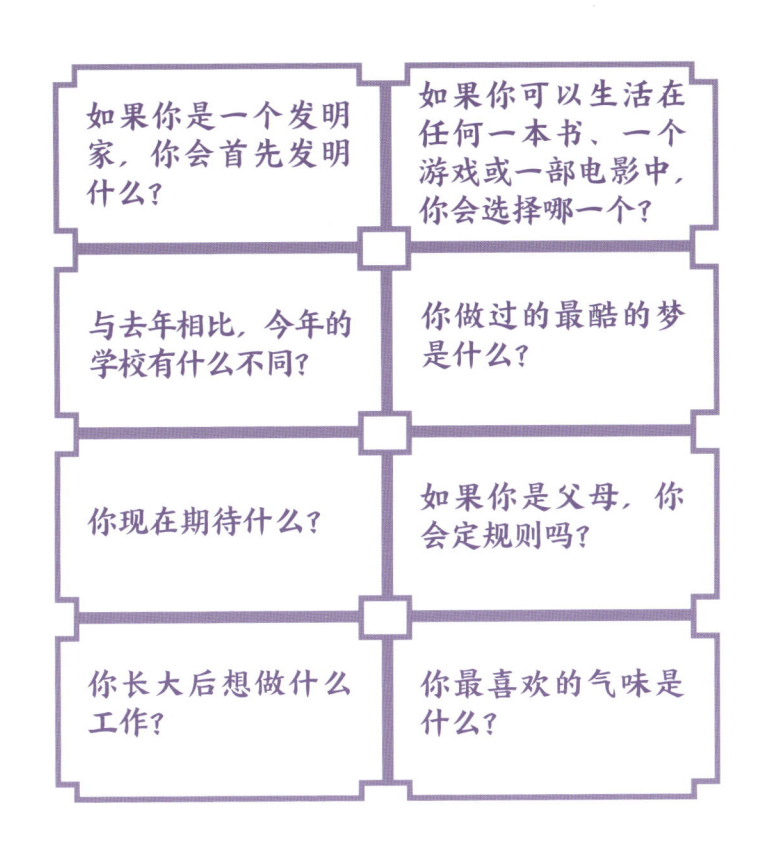

如果你是一个发明家，你会首先发明什么？	如果你可以生活在任何一本书、一个游戏或一部电影中，你会选择哪一个？
与去年相比，今年的学校有什么不同？	你做过的最酷的梦是什么？
你现在期待什么？	如果你是父母，你会定规则吗？
你长大后想做什么工作？	你最喜欢的气味是什么？

我酷我真诚
关于交友的儿童指南

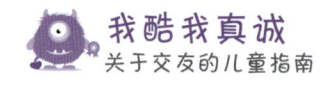

剪下这一页时要小心

62

第四章　做一个好朋友

有很多朋友也会面临各种各样的问题，当然也有有趣和可爱的一面。如果你和你的朋友意见不一或闹翻了，这并不意味着真的有什么问题——这是一个共同解决问题的机会，让你成为更好的朋友。在本章中，我们将探讨友谊中一些最棘手的部分，以及如何应对。

成为自己的好朋友

当一些棘手的事情发生时,你或你的朋友会感到不安,你可能觉得按照朋友的想法去做,并让他们满意,是解决问题的最佳和最友善的方式。但成为自己的好朋友也很重要:你的感受和你朋友的感受一样重要。找到一个你们都满意的解决方案比快速解决问题更重要。

成为自己的好朋友意味着为自己说话,坦然面对自己的感受,友善地与自己交谈。当你是自己的好朋友时,你也可以成为别人的好朋友。

I am important

我很重要

我酷我真诚
关于交友的儿童指南

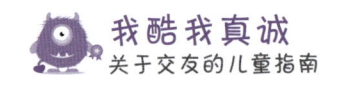

活动：解决问题

当朋友之间出现问题时，你们可以一起努力找到解决方案。布利普和他的朋友遇到了麻烦，他提出了三种可能的解决方案，以及每种解决方案所带来的结果。

问题：我最好的朋友不理我了！

解决方案1：
忽视他们！

解决方案2：
问问他们出了什么问题

解决方案3：
与别人一起玩，直到他们决定跟我说话

结果1：我们可能再也不会说话了，但我们扯平了

结果2：他们可能会说一些我不喜欢的话，但至少我会知道原因

结果3：我可能不知道出了什么问题，只能由他们来告诉我

你会选择哪种解决方案？在它周围画一个圆圈。是什么原因让你选择了那个解决方案？

第四章　做一个好朋友

现在你来试试！你能想出一个问题吗？也许是你和朋友或兄弟姐妹之间发生的事情，或者是你担心的事情。

_____
_____

你能想出三种解决方案来处理这种情况吗？

1. _____
2. _____
3. _____

这些解决方案可能带来什么结果？

1. _____
2. _____
3. _____

你会选择哪一个解决方案？为什么？

_____
_____
_____

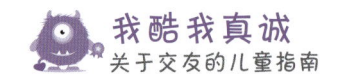

活动：寻求帮助

很多时候，你可以和朋友一起解决问题。但只要你需要，你随时都可以向大人寻求帮助。

什么时候可以试着一起解决问题

- 当你们都想试试时
- 当你不同意的时候
- 当某人不友善时
- 当你的朋友想和别人一起玩时
- 当有新人想加入你的游戏时
- 当你的朋友对不在场的人不友善时

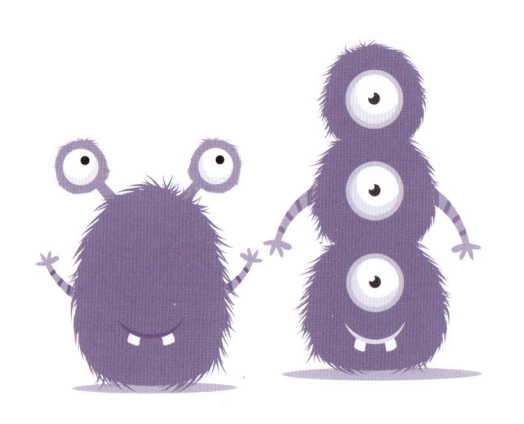

第四章　做一个好朋友

什么时候向大人寻求帮助

- 当你感到害怕时
- 当有人受伤时
- 当有人经常对你不友善时
- 当你或其他人被欺负时
- 当有人要求你保守一个令你感觉不好的秘密时
- 当有人拿走或损坏你的东西时
- 当有人要求你做一些你觉得不舒服的事情时

> 共同制定解决方案有助于建立更牢固的友谊和提高社交技能。当你需要帮助时，向大人寻求帮助是勇敢的，也是正确的做法！

I stand up for myself and my friends

我为自己和朋友挺身而出

第四章 做一个好朋友

活动：坏朋友和霸凌者

坏朋友和霸凌者有什么区别？主要的区别在于，霸凌者会让你自我感觉不好，而且这种情况会一次又一次地发生。

霸凌是指有人经常试图伤害你、吓唬你或让你做一些你不想做的事情。

一个好朋友可能会在他度过糟糕的一天时说一些不友善的话或表现出一些不友善的行为，但他会说对不起，而且他会对你很好。

霸凌可能包括：

- 身体暴力，如拳打脚踢
- 叫绰号
- 推搡
- 排挤你
- 偷窃或损坏你的东西
- 要你说出你不相信的话
- 取笑你或你的家人
- 忽视你
- 故意让你难堪
- 威胁你
- 对你撒谎
- 不受欢迎的触摸

霸凌可能发生在学校、互联网或其他地方。任何人都可能被欺负，如果你对别人对待你的方式感到担忧或困惑，可以寻求帮助。

Say no to bullying

对霸凌说"不"

第四章　做一个好朋友

什么是同伴压力？

同伴压力是指你的朋友或你认识的其他孩子让你觉得你应该做或应该喜欢和思考与他们完全相同的事情。

有时，同龄人的压力可能只是想让你融入其中，但有时，当其他孩子取笑你在某种程度上与众不同时，这种压力就会显现出来，很难去对抗，在这种时候做自己也很难。

我的朋友们都爬到了攀爬架的上面。他们在那里玩得很开心，但我还没有准备好——因为看起来太高了，我感觉不舒服。

我酷我真诚
关于交友的儿童指南

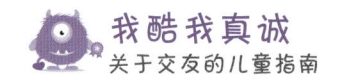

分辨一下，谁是布利普的好朋友？把好朋友圈起来。

你真是个孩子，布利普——爬到上面吧，这并不难。

没关系，布利普，我理解。我会在底部和你见面，我们可以一起吃午饭。

我只会爬到中间。

如果去做一些让你感到不舒服的事情很有压力，即使很多人似乎都愿意做，你也可以离开。你不必解释你的原因。有时候事情就是让你觉得不对劲。

纠正错误

即使是最好的友谊也有起起伏伏。你可能会和你的朋友闹翻,犯错,惹恼他们,或者说一些并非故意的话。你可以在做了这些事情后仍然是一个好朋友——关键是你要纠正错误。

友谊就像袜子——如果你最喜欢的一双袜子破了洞,你可以把它们扔掉,也可以修补。说抱歉并改正错误就像修补漏洞:它能让你的友谊继续下去,甚至让它变得更牢固。

布利普和波普周末去参加了一个生日聚会。布利普很早就离开了,没有对波普说任何话,波普很沮丧,也很受伤——为什么布利普会这样离开派对?

波普把这些感受告诉了布利普,并问布利普为什么要离开。布利普为伤害了波普的感情而道歉。

> 对不起,我什么也没说就走了。派对上的声音对我来说太大了,但我认为你不会理解。

> 我也有这种感觉!你在那里让人感觉不那么压抑。

我酷我真诚
关于交友的儿童指南

现在布利普和波普更了解彼此了,下次他们会知道最好谈谈他们的感受!

纠正错误并不总是意味着说一句"对不起"。这是一个强有力的词,但它并不能神奇地解决问题——尤其是当你并没有真正感到抱歉的时候。

与朋友和好可以这样做:

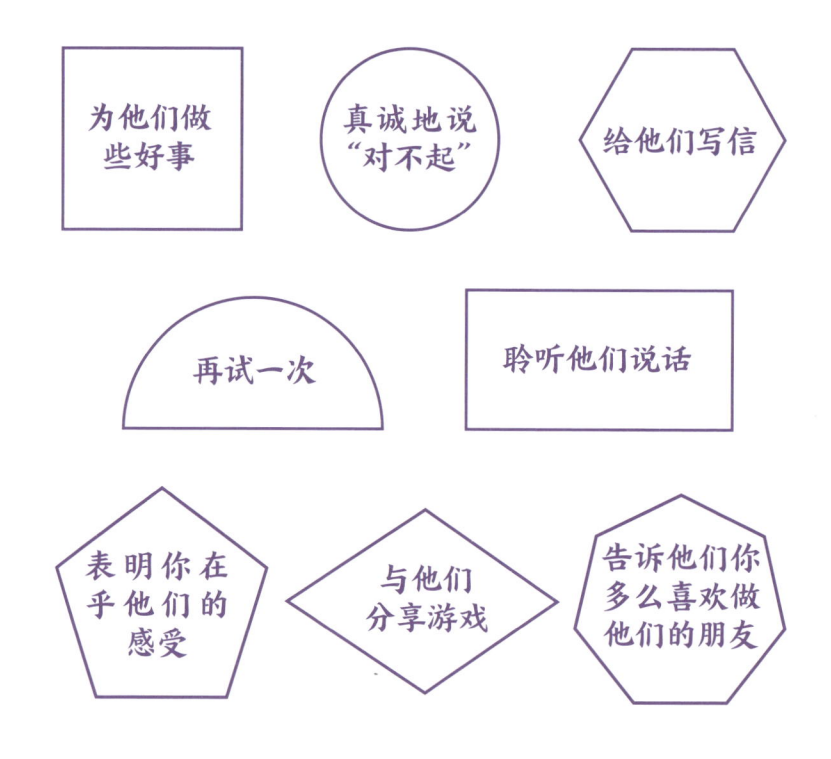

- 为他们做些好事
- 真诚地说"对不起"
- 给他们写信
- 再试一次
- 聆听他们说话
- 表明你在乎他们的感受
- 与他们分享游戏
- 告诉他们你多么喜欢做他们的朋友

第四章　做一个好朋友

活动：感到愤怒

愤怒可能是一种非常强烈的情绪，当我们感受到强烈的情绪时，很难成为一个好朋友。愤怒对不同的人来说会有不同的感觉。

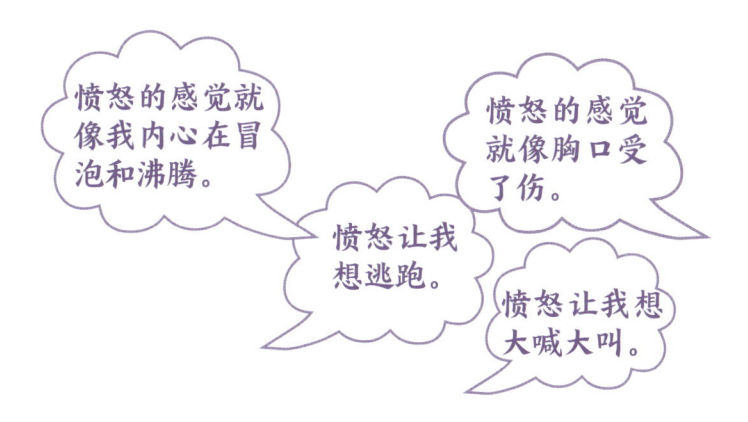

- 愤怒的感觉就像我内心在冒泡和沸腾。
- 愤怒的感觉就像胸口受了伤。
- 愤怒让我想逃跑。
- 愤怒让我想大喊大叫。

在下面这些泡泡中写下你自己愤怒时的感受。

我酷我真诚
关于交友的儿童指南

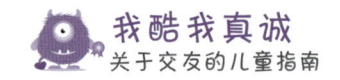

当我们感到愤怒时,我们会在身体里感受到这种情绪。你能画出愤怒的感觉吗?你可以使用颜色、图案、词语和形状来进行表达。

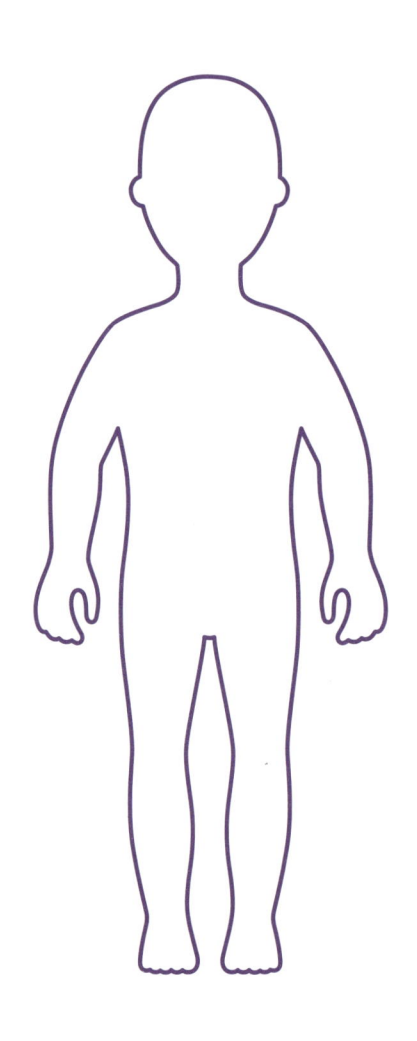

第四章　做一个好朋友

当你感到愤怒时，你可以做一些事情来帮助这种感觉在你身体中传播，这样你就可以再次感到平静。你的愤怒情绪会过去，就像所有的情绪都会过去一样。

当我感到愤怒时，我可以这样做。

- 说："我感到愤怒！"
- 休息一下
- 去一个安静的地方
- 深呼吸
- 活动一下身体
- 请一个大人帮我冷静下来
- 从 1 数到 10
- 画出我的感受

只要你记住以下原则，是可以生气的。

- 不伤害他人
- 不伤害自己
- 不损坏他人财物

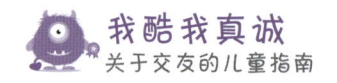

活动：感到嫉妒

当别人拥有我们认为值得拥有的东西时，我们会感到嫉妒。嫉妒一个人会让你对他感到愤怒或不安——例如，你的朋友有了一只新的小狗，而你也希望自己有一只。

你能想到某一次你嫉妒一个朋友吗？在这里写下来或画出来。

第四章　做一个好朋友

每个人都会嫉妒，偶尔嫉妒你的朋友是很正常的。处理这种感觉的最好方法是把它变成一个目标或希望。这并不意味着它会很快实现，但接受你的嫉妒情绪，并利用它来了解你希望自己的生活是什么样的，这将帮助你专注于更积极的事情。

方法如下：

我真希望我能有只小狗——这不公平！	有一天我想要一只小狗。我该怎么称呼我的小狗？
我的朋友有一头漂亮的卷发——我希望我的头发是那样的。	我也想为自己的头发感到骄傲——我怎么才能做到呢？
我的表弟这个周末要去一个主题公园——我从来没有机会去！	主题公园听起来太令人兴奋了！总有一天我会专程去一家。我会先坐哪个过山车呢？

- 当你对无法改变的事情感到嫉妒时，看看你认为对方的感受如何——你能做些什么来帮助自己拥有对方的感受？

我酷我真诚
关于交友的儿童指南

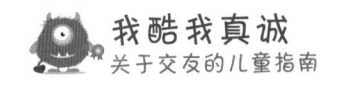

输赢

如果输赢和遵守规则对你来说很棘手,那么这会让你玩的游戏失去所有乐趣。当有规则可循时,也可能令人沮丧。也许你认为规则会降低游戏的乐趣,或者当有人违反规则时你会感到愤怒。竞技比赛可以带来强烈的感情。

赢得比赛的感觉如何?

有时候,当我们赢了,很难不让别人因为输了而感到失落。享受胜利是可以的,但试着以你希望的方式去对待别人。

输掉比赛的感觉如何?

输掉比赛会让你感到尴尬或愤怒,尤其是当你已经尽力的时候。

在家练习是一种帮助处理重大输赢情绪的方法。和家人一起玩游戏——最好的游戏是玩优诺牌或填字游戏,这些游戏玩得很快,所以你有机会马上接着玩。无论发生什么,你在输赢和遵守规则方面的练习越多,就越容易处理情绪并享受比赛。

第四章　做一个好朋友

休息一下

　　强烈的感情有时会让我们以不友好的方式行事。所有的情绪都是没有问题的，表达它们也是可以的——只要你方法得当。每当有一种强烈的感觉出现时——无论是对被冷落的悲伤，还是对赢得围棋比赛的自豪——休息一下都会让你感到平静和克制。

　　这里有一些简单快捷的休息方法。当你情绪激动时，所有这些方法都有助于让你的身体平静下来。

- 深呼吸
- 呼吸新鲜空气
- 找一个安静的地方
- 从1数到10
- 做一些星形跳跃
- 读一本书
- 写在日记本或笔记本上
- 画一幅画
- 抱抱泰迪熊
- 寻求一个拥抱
- 哼一首歌
- 跪着击鼓

你太棒了

你做得很好！这本书中写的一些东西可能会让你觉得，你需要在有些方面有所不同或改变，但事实并非如此。

你本来就很聪明——这本书中的想法可以帮助你做回自己，更好地理解友谊是如何运作的。把这些页面上的建议看作是帮助你建立友谊的工具，你和你的朋友都可以做自己。

第四章 做一个好朋友

活动：腹式呼吸

深呼吸有助于你成为一个好朋友，因为它能让你感到平静，增强你的信心！

腹式呼吸是练习深呼吸的一种有趣的方式，也是一件很棒的事，有助于：

- 放松
- 处理强烈情绪
- 与朋友一起活动

深呼吸可以让你的整个身体平静下来，包括你的大脑！它可以帮助你应对强烈情绪，这样你才能成为最出色的自己！

如何做腹式呼吸：

- 手里抓一些小而轻的东西，如泰迪熊、书、帽子或手套。
- 背部向下平躺，把这些东西放在你的肚子上。
- 用鼻子深吸一口气，东西向上移动；用嘴呼气，东西再次下沉。
- 尽量不要让东西从你的肚子上掉下来！

我酷我真诚
关于交友的儿童指南

友好相处

你不必和每个人都做朋友——想象一下那会有多累！但要对你遇到的每一个人都友好，这是不一样的。

友善意味着：

- 尊重他人
- 善良
- 彬彬有礼
- 诚实
- 考虑他人的感受
- 温柔

友善并不意味着：

- 和某人一起玩，即使你不想
- 当你想说"不"的时候说"是"
- 总是赞同
- 接受你不想要的拥抱
- 对自己或他人不友善，因为有人让你这么做
- 保守让人感觉不好的秘密

I can take a deep breath

我可以深呼吸

第五章　照顾好自己

　　成为自己的好朋友意味着要照顾好自己的身心。当你的身心感觉良好时,你也会成为别人的好朋友。在本章中,我们将了解许多不同的方法,让你能够很好地照顾自己。

第五章　照顾好自己

为什么善待自己很重要

如果你不是自己的好朋友,那么你也很难成为别人的好朋友。注意你对自己的看法,尤其是当你犯了错或感到不安时:你选择使用的词语至少应该和你对朋友使用的词语一样友善,甚至更友善。

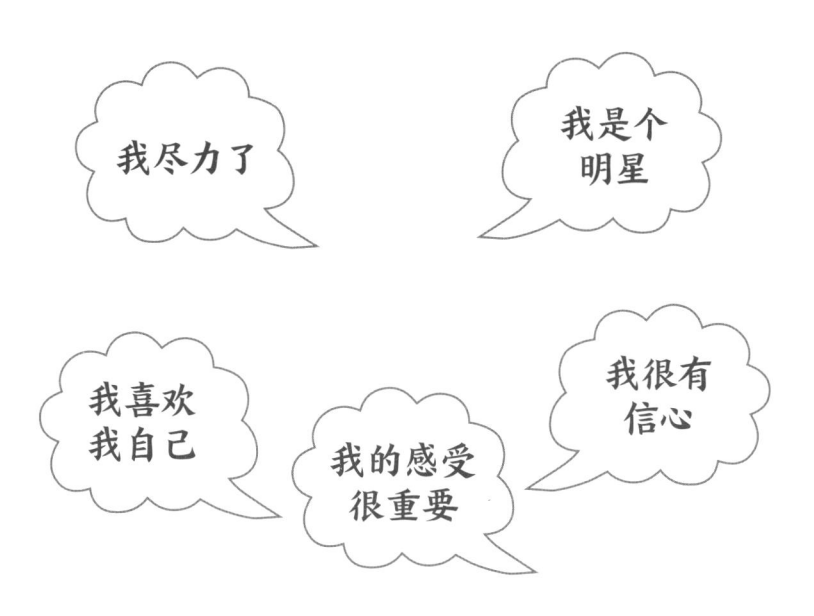

我尽力了

我是个明星

我喜欢我自己

我的感受很重要

我很有信心

活动：我的就寝时间安排

科学家（可能还有父母）说，你这个年龄的孩子每晚应该睡 10～11 小时。这样你的身体就可以完成它需要的所有生长，你就有足够的能量在白天学习和享受乐趣。

但入睡有时真的很难。白天，有很多事情要做，也有很多感兴趣的事情，所以你的大脑一直忙于这些事。该睡觉的时候，你的脑子里没有那么多有趣的东西了，它充满了它自己的想法——有趣的、可怕的……各种各样的想法。

因此，在你的就寝时间里做一些放松的事情是很好的，可以帮助你在睡觉的时候"关掉"大脑，如：

读一本书

舒服地躺在床上

和大人拥抱

搂着毛绒玩具

听故事

洗个热水澡

关掉各种电子屏幕

第五章 照顾好自己

你的就寝时间是怎样安排的?写下或画出你晚上睡觉前做的所有事情。

奇妙的水

你知道人体大部分体重是由水贡献的吗？这是真的！这就是为什么喝水对感觉良好和精力充沛如此重要。

每次你出汗、上厕所、哭泣或呼气时，你的身体都会失去一点水分，所以白天多喝水是个好主意。就像植物一样，你需要补充水分才能保持健康和活力。

你能给植物上色，让它长出茂盛的绿叶吗？

跳来跳去

运动是保持健康的重要组成部分。当你锻炼时，你的大脑会释放出特别的、让人感觉良好的化学物质，帮助你感到更快乐、更自信。有很多不同类型的运动——你最喜欢的运动是什么？

跳跃是让你的身体运动的一种有趣而精彩的方式。它能让你的心脏跳动——使它更强壮、更健康——增强你的骨骼，改善你的平衡感。你可以和朋友一起跳，也可以自己跳。为什么不把它变成一个游戏，加上音乐或跳板？或者只是为了好玩而跳！

我酷我真诚
关于交友的儿童指南

快速的友谊冥想

冥想意味着安静地坐着，让你的身心平静下来。这是一种非常好的慢下来放松的方式！

找个舒服的地方，慢慢地给自己读这段沉思录，或者请一个大人给你读。

想象一下你在一个美丽的花园里。你坐在草地上，既温暖又舒适。环顾四周——花园里还有什么？你可以想象你选择的任何东西。试着放慢你的呼吸速度，这样你就可以做深呼吸了。

你面前是一个喷泉，里面有清澈、波光粼粼的水流。你能听到流水潺潺的声音吗？

想象一下你手里有一枚硬币。想想把硬币扔到喷泉里，并给自己许个愿：愿我幸福，愿我平静。

现在又有一枚硬币在你手里。当你把它扔进水中时，听到"扑通"一声，并为你深爱的人许个愿：愿你幸福，愿你平静。

不停地往喷泉里扔硬币，祝愿幸福和平静。每次你这样做的时候，想想不同的朋友、亲人或你认识的人：愿你们幸福，愿你们平静。

深深地吸一口气，然后吐出来。你的友谊冥想也就结束了。

- 这种冥想被称为"仁爱"冥想，它有助于培养你在冥想时对任何你想到的人充满善意友好的感情。

谈论感受

每个人都有自己的感受——这是我们成为我们自己的重要部分。无论你有什么感受，能够与你信任的人谈论这件事，是照顾好自己的重要组成部分。愤怒和悲伤等困难情绪可能很难讨论，但与他人分享这些感受会让自己更好受些。

你能和谁谈论感受？想想你信任谁，和谁在一起感觉舒服。可能是朋友、兄弟姐妹、父母或看护人、老师或其他人。

在这里写下或画出这些人。

活动：找到你的快乐之地

在你的想象中，一个快乐之地是你可以随时去的地方。

它可能是一个舒适之所

野外的某个地方

或你觉得快乐的地方

你能想象出一个什么样的快乐之地？它可能是你曾经去过的某个地方，你在书中或照片中看到的某个地方或你想象中的某个地方。

第五章　照顾好自己

你能画出自己的快乐之地吗？添加尽可能多的细节！

每当你想要放松和平静或需要帮助来应对困难情绪时，闭上眼睛，想象自己在快乐之地。

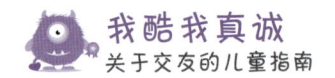

活动：平静上色

上色有助于你感到平静，因为你的手正忙于用笔来上色，你的大脑可以欣赏你创作的画。你能给这些怪物朋友上色吗？

第五章　照顾好自己

I like myself   我喜欢我自己

第五章 照顾好自己

照顾好你的感受

每个人都有觉得跟朋友相处很难的时候，当他们发生争吵或受排挤时，都会感到很受伤。

当你对友谊感到沮丧时，以下建议会有所帮助。

- 谈谈吧。你不必对自己的感受保密——和一个值得信赖的大人或另一个朋友谈谈。

- 善待自己。一个人不适合做你的朋友并不意味着你不是一个聪明又讨人喜欢的人。跟自己说话，要像对一个处境艰难的好朋友说话一样。

- 冷静下来。感到不安或沮丧其实是很累心的！花点时间放松一下，做一些你喜欢的事情。

- 看一部有趣的电影。选择一部每次都能让你开怀大笑的电影——它会让你的心情愉悦起来。

- 勇敢一点。记住，一件事不尽如人意，并不意味着你不应该再试一次。

我酷我真诚
关于交友的儿童指南

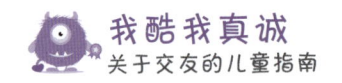

活动：分享有趣食谱——黄瓜寿司

黄瓜寿司是一种有趣、健康的小吃，你可以和朋友分享。

- 黄瓜富含维生素 A、维生素 C、维生素 E 和维生素 K，有助于你的身体健康——此外，它还能促进水合作用！

你需要：

- 刀
- 砧板
- 汤匙
- 碗
- 2 根黄瓜
- $\frac{1}{2}$ 个红甜椒
- $\frac{1}{2}$ 个鳄梨
- 2 汤匙甜玉米
- $\frac{1}{2}$ 杯煮熟并放凉的米饭
- 酱油

制作方法：

1. 把黄瓜切成大约 2 厘米厚的圆片，用刀去掉籽，留下甜甜圈形状的小块。
2. 将红甜椒和鳄梨切成小方块，然后在碗中与米饭和甜玉米混合。
3. 用一把汤匙将米饭和蔬菜的混合物塞进黄瓜的空心中。用汤匙的底部把混合物压平。
4. 用酱油蘸着吃。

It's great being me　做自己太棒了

第六章 展望未来

　　这是本书的最后一章！你做得很好，应该为自己感到骄傲。在这一章中，我们将看看你迄今为止学到的所有东西，以及不管是现在还是未来，你在友谊中可以使用的所有新工具和新技能。

第六章　展望未来

活动：我是什么样的朋友？

你还记得第一章写过你是什么样的朋友吗？既然你已经阅读了所有关于友谊的内容，你对自己有什么了解？

在这里画出你自己，并在星星上添加你的五大友谊特征。

我酷我真诚
关于交友的儿童指南

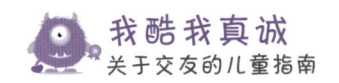

活动：我想要什么样的朋友？

想想是什么让你成为一个好朋友的。圈出你喜欢的任意多个特征！

趣味相投　　　　　　　　　　　　友善

　　　　　　　有趣

诚实
　　　　　　　　　　　　聪明
　　　　　　精力充沛

善于分享　　　　　　　　　　　善于倾听
　　　　　　想象力丰富

接受真实的自己
　　　　　　　　　　　　积极

　　　　　　可靠

第六章　展望未来

快乐　　　　　　乐于助人

有礼貌　　　　　　　　　　整洁

健谈

勇敢

喜欢电脑游戏

值得信赖

周到

喜欢运动　　　　　　　　喜欢阅读

愿意与人分享

自信　　　　　　　　　有艺术范儿

你能选出好朋友的三大特点吗？

1. _____

2. _____

3. _____

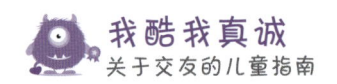

活动：制作友谊指南

和你做朋友是什么感觉？制作一份友谊指南来了解吧！你也可以请朋友为他们自己做一份，这样你们就可以更好地了解彼此。

我最喜欢的游戏

_____

_____

_____

_____

我最有趣的玩具

_____

_____

_____

_____

第六章　展望未来

我喜欢通过……来放松

_____

_____

_____

_____

超级有趣的一天应该包括……

_____

_____

_____

_____

在接下来的一年里，我想玩／学习／参观……

_____

_____

_____

_____

I deserve to shine

我应该闪闪发光

第六章　展望未来

活动：你能帮助布利普吗？

布利普的朋友菲兹是一个跑得很快的人——布利普和菲兹在学校的操场上都很享受跑步的乐趣。

他们都决定加入跑步队，但只有一个名额。在试训过程中，菲兹故意放慢速度，好让布利普赢得比赛并被选入队伍。

布利普很高兴能加入跑步队，但他知道菲兹是故意放慢速度的。

你认为菲兹为什么会放慢速度？

我酷我真诚
关于交友的儿童指南

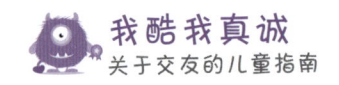

菲兹是布利普的好朋友吗?

_____

菲兹是菲兹自己的好朋友吗?

_____

布利普对所发生的事情感到不安。布利普能做些什么来帮助菲兹解决问题?

_____

第六章 展望未来

如果你有一个坏朋友该怎么办？

如果你认识的人对你不友善或以你不舒服的方式对待你，那就大声说出来。有时，只有你告诉对方他们是如何伤害你的感情的，对方才会意识到。

如果你说出来了，他们仍然无法成为你的好朋友，那么你就不必成为他们的朋友——即使他们说你太敏感了或他们只是在开玩笑。如果很难让他们离开你，你可以向值得信赖的大人寻求帮助。

如果你有一个坏朋友：

我们都会犯错，有时还会伤害别人的感情。如果你对某人不友善或对某人来说是个坏朋友，下次你可以选择做一个好朋友。就像我们在第 75 页学到的那样，说"对不起"并纠正错误会培养牢固的友谊。

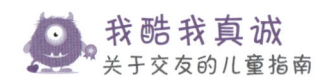

活动：写日记

写日记意味着写下你生活中发生的事情和你对事情的感受。这是表达你的感受和发挥创造力的好方法——此外，它也会让你感觉更平静！

试试把下面这些问题写进日记里——答案没有对错之分！

你还记得你的第一个朋友吗？关于他，你还记得什么？

如果有一个特殊的日子来庆祝友谊，你会为它选择一个什么样的传统？

第六章 展望未来

是什么让一个朋友成为最好的朋友?

如果你和你的朋友组成一个乐队,你会演奏什么乐器?你们的乐队叫什么名字?

- 你可以把任何笔记本当作日记本——为什么不在临睡前写下你一天所经历的事情呢?

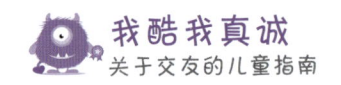

传播友谊

当你展示你的友谊技巧时,你会激励他人!你想帮助其他孩子建立良好的友谊吗?以下是六种很棒的方法。

- 欢迎新玩家加入你的游戏,尤其是当他们独自一人时。

- 加入一个社团(或筹划一个社团)一起做活动是交友的好方法。

第六章　展望未来

- ⭐ 运用同理心。想象一下，自己是另一个人，以便更好地理解他们的感觉。

- ⭐ 表示关心。给你的朋友做卡片或写留言条，告诉他们，他们有多棒。

- ⭐ 寻求帮助。父母、看护人和老师可以帮助你解决友谊问题，也可以帮助你组织家庭聚会或社团！

- ⭐ 勇敢一点。结交新朋友需要勇气——勇敢地与新朋友交谈。

Friends rock!

友谊万岁!

第六章　展望未来

关于友谊的故事

很多和你同龄的孩子都面临着友谊的挑战——以下是他们的故事。

起初,我最好的朋友真的很好,我们有很多共同点。但后来她开始对我的长相说一些刻薄的话。这真的让我很沮丧,她不再觉得自己是我最好的朋友……而更像是个恶霸。我开始和一群不同的朋友出去玩,我再也不和她说话了。

卡拉,10 岁

我在家接受教育,所以我有很多不同的朋友群,而不是每天看到的同一个班级。有时候,与大多数孩子都不一样,会让我感觉怪怪的,但我可以做很多有趣的事情并结识新朋友。我确实有一个最好的朋友,我在森林学校的大部分时间都会见到他。

迪伦,8 岁

今年我们全家搬到了一个新城市,我感到很害羞,因为我是学校的新生,不认识任何人。起初,我发现很难和其他孩子说话,但过了一段时间,我知道了每个人的名字,并在学校里找到了我自己的交友方式,这一切都感觉轻松多了。

埃维,11 岁

我酷我真诚
关于交友的儿童指南

我以前爱在学校发火。在教室里坐着不动对我来说太难了,一点小事也会让我不知所措。正因为如此,我不是一个很好的朋友。我的老师帮助我找到了平静下来的方法,这也确实对我交友有所帮助。

杰克,10 岁

我和我最好的朋友闹翻了,因为她在我家的时候把外套弄脏了。我真的很想和她一起玩,所以我问她我们是否还可以成为朋友。她答应了,我们现在穿着旧衣服在我家花园里玩。

阿里,7 岁

It's cool to be kind

善良真酷

《我酷我真诚》
黄金法则

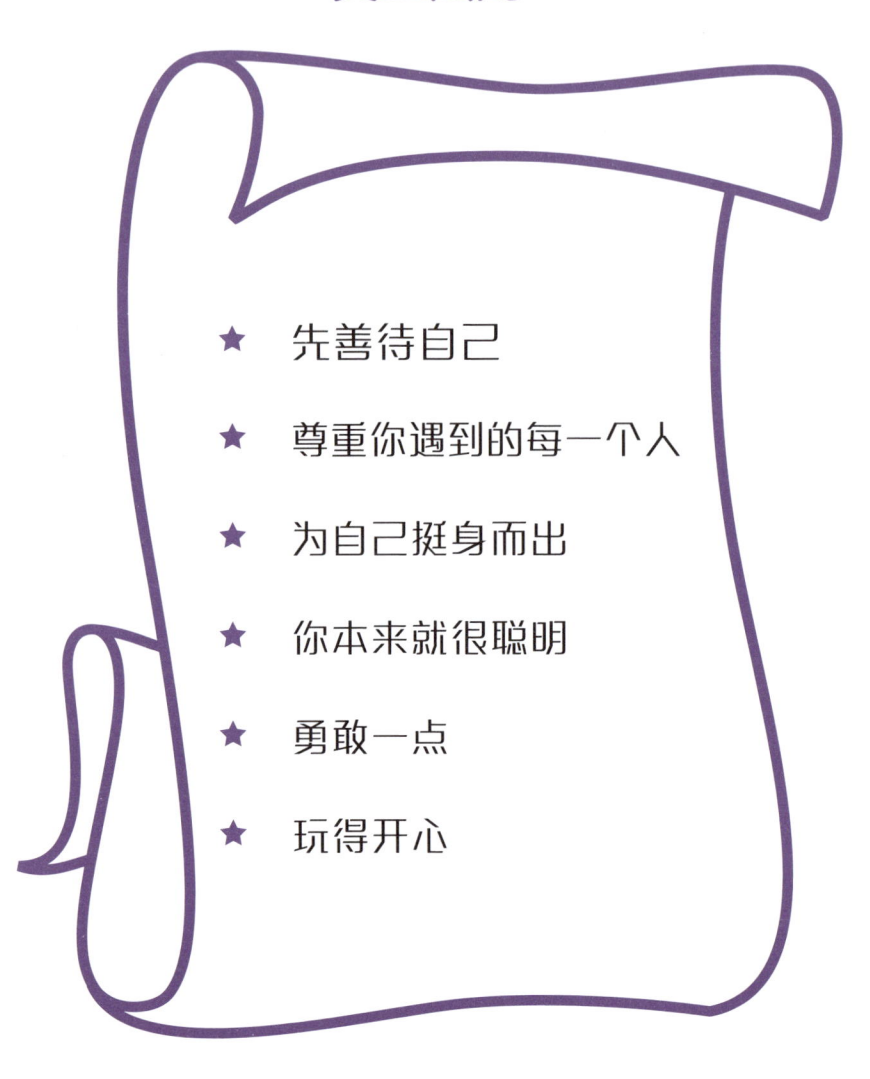

★ 先善待自己

★ 尊重你遇到的每一个人

★ 为自己挺身而出

★ 你本来就很聪明

★ 勇敢一点

★ 玩得开心

第六章　展望未来

活动：行动计划

我们几乎到了书的结尾。你学到了一些你想在交友中使用的东西吗？

_____

_____

我要玩的游戏是 _____

_____

我会休息一下，做 _____

_____

好朋友是 _____

_____

坏朋友是 _____

_____

我想试试 _____

_____

结　语

布利普与你一起学习关于友谊的一切,并度过了一段美好时光——你也很享受,不是吗?记住:每当你交友遇到麻烦,或者需要激励来结交新朋友时,你都可以重温这本书。

你做得很好,应该为自己感到骄傲!别忘了:你值得拥有美好的友谊,而且你本来就很酷。

Be cool, be you

我酷
我真诚

写给父母和看护人：如何帮助孩子交友

在支持孩子交友和让他们保持独立成长之间取得平衡，对父母来说是很有挑战性的。你比任何人都更了解你的孩子，你可以相信自己会取得正确的平衡。即使你犯了错，也可以获得一些宝贵的经验教训，这些经验教训将对你有所帮助。

你能影响孩子的最有力的方法是倾听他们，对他们的想法表现出兴趣，并鼓励他们做自己。支持他们以健康的方式表达自己的情绪，并向他们展示如何尊重他人——他们从你所做的事情中学到的要远远多于你所说的。

友谊当然没有放之四海而皆准的行动方针，你的孩子会用他们不断发展的个性一次又一次地给你带来惊喜和挑战。你给了他们最好的机会，让他们成长为一个坚强、有韧性的大人，成为自己和他人的好朋友。

虽然年龄较小的孩子之间的友谊相对简单，但在这个年龄段（7~11岁），友谊可能会变得更加复杂。同伴的压力、荷尔蒙和对他人如何看待自己的认识的提高，都会导致争吵和不友善的行为。在情感上支持你的孩子，将有助于给予他们抵御任何友谊风暴所需的韧性。每天都要告诉他们，你重视他们的独特性，他们有跟别人不一样的感受，觉得事情很

写给父母和看护人：如何帮助孩子交友

难应对，都没什么大不了的。

我希望这本书对你和你的孩子有所帮助——永远记住，他们并不孤单，你也不孤单，有那么多美好的友谊等着你们去发现呢。

推荐阅读书目

The Friendship Maze: How to Help Your Child Navigate Their Way to Positive and Happier Friendships by Tanith Carey

Vie, 2019

Stand Up for Yourself & Your Friends: Dealing With Bullies & Bossiness and Finding a Better Way by Patti Kelley Criswell

American Girl Publishing Inc, 2016

The Story Cure: An A–Z of Books to Keep Children Happy, Healthy and Wise by Ella Berthoud and Susan Elderkin

Canongate Books, 2016

The Floor Is Lava: and 99 More Games for Everyone, Everywhere by Ivan Brett

Headline Home, 2018